Unity3D
动作游戏开发实战

周尚宣◎编著

机械工业出版社
China Machine Press

图书在版编目（CIP）数据

Unity3D动作游戏开发实战 / 周尚宣编著. —北京：机械工业出版社，2020.6（2021.12重印）

ISBN 978-7-111-65785-9

Ⅰ.U⋯　Ⅱ.周⋯　Ⅲ.游戏程序−程序设计−教材　Ⅳ.TP311.5

中国版本图书馆CIP数据核字（2020）第095675号

Unity3D 动作游戏开发实战

出版发行：机械工业出版社（北京市西城区百万庄大街22号　邮政编码：100037）

责任编辑：李华君　　　　　　　　　　　责任校对：姚志娟

印　　刷：中国电影出版社印刷厂　　　　版　　次：2021年12月第1版第3次印刷

开　　本：186mm×240mm　1/16　　　　印　　张：16.25

书　　号：ISBN 978-7-111-65785-9　　　定　　价：79.00元

客服电话：（010）88361066　88379833　68326294　　　投稿热线：（010）88379604

华章网站：www.hzbook.com　　　　　　　　　　　　　　读者信箱：hzjsj@hzbook.com

版权所有·侵权必究

封底无防伪标均为盗版

本书法律顾问：北京大成律师事务所　韩光/邹晓东

随着 Unity3D 这类通用游戏引擎的出现，越来越多制作精良的独立游戏逐渐出现在玩家视野当中。在游戏商业化如此发达的今天，越来越多的开发者或开发团队受独立游戏创意及艺术性的感召，尝试开发并发布了一些相关作品。动作游戏作为一大热门游戏品类，一直不缺少玩家，但其较高的工艺门槛、技术细节和复杂度等都阻碍了其开发进程。长期以来，以动作游戏为核心的书籍较为匮乏。基于此，作者编写了本书。

本书结合作者多年的游戏开发经验，并结合 Unity3D 引擎，对动作游戏这个玩家需求较高的类型进行了深入讲解。书中围绕与动作游戏有关的几大核心模块、技术选型和前期设计等内容进行讲解，帮助读者扬长避短、绕开弯路，而不是把精力放在一些不重要的环节，从而避免事倍功半。

希望本书能对广大动作游戏开发爱好者有所帮助，带领他们深入学习并理解动作游戏开发技术，提高开发水平，从而开发出自己想要的动作游戏。

本书特色

1. 着重于实现原理的分析，而非堆砌插件

Unity3D 引擎拥有数量众多的插件及开源库供开发者选择，但过多使用这些外部扩展插件及库会导致项目中出现功能冗余、扩展受限、运行不稳定等问题。对于诸如相机、角色、碰撞和 AI 等核心模块，即使运用插件，也需要对其内部机制十分了解才行。因此本书在这些关键模块的讲解上直接从基础代码入手，着重对原理进行分析拆解，从而帮助读者为构建一个稳定且易于扩展的脚本体系打好基础。

2. 重点突出，涵盖核心内容

本书围绕角色、物理、关卡、战斗和 AI 等多个动作游戏的核心内容进行讲解，涵盖游戏研发中的大部分环节，读者可以随时根据模块内容进行查阅，从而高效解决实际问题。

3. 深入介绍动作游戏开发中的各项技术细节

本书对动作游戏开发中出现较频繁和典型的技术细节进行深入讲解，其中包括角色踩头、根运动问题、Dash 冲刺穿墙、浮空僵直及角色残影等，这可以为游戏细节的打磨添砖加瓦。

4．结合实战案例讲解分析

本书最后两章分别从经典作品分析及自制 Demo 开发两个方向进行动作游戏实战案例解析，从而帮助读者加深和巩固对动作游戏不同模块的认识。

5．提供答疑解惑服务

本书提供答疑解惑电子邮箱 hont127@163.com 和 hzbook2017@163.com。读者在阅读本书的过程中若有疑问，可以发送电子邮件获得帮助。

本书内容

第 1 篇　概述及前期准备

本篇包括第 1、2 章，首先介绍 Unity3D 引擎的发展，以及独立游戏和动作游戏的现状，并结合现状给出设计方向指引，然后在前期准备部分对动作游戏开发的常用基础工具、数学知识和目录项目结构等内容进行梳理和讲解。

第 2 篇　动作游戏核心模块

本篇包括第 3~8 章，主要介绍动作游戏开发中的几个核心模块，并围绕这些模块进行功能讲解。主要包括物理系统、主角操控逻辑、有限状态机、连续技、对象池、关卡序列化、战斗系统、敌人 AI 设计、相机功能、输入管理和敌人死亡特效等。

第 3 篇　项目案例实战

本篇包括第 9、10 章，主要从经典游戏案例及自制 Demo 两个方面进行实战剖析。经典游戏案例部分主要针对一些技术特性进行分析；自制 Demo 部分将从零开始完成一款横版 2D 游戏的 Demo 开发，涉及对前面各章节主要内容的整合使用。

配书资源

本书涉及的源代码及案例工程文件需要读者自行下载。请在华章公司的网站（www.hzbook.com）上搜索到本书，然后单击"资料下载"按钮，即可在本书页面上的"扩展资源"模块找到下载链接。

读者对象

- 想系统学习动作游戏开发的人员；
- 动作游戏研发从业人员；

- Unity3D 工程师；
- Steam 游戏开发及相关从业人员；
- 各类院校相关专业的学生；
- 社会培训机构的相关学员。

阅读建议

- 读者最好具备一定的 Unity3D 引擎与 C#语言基础，以便更加顺利地阅读本书；
- 读者最好先了解动作游戏开发的大体流程及所需模块，然后再进行学习；
- 读者应对状态机、行为树、手柄适配及序列化等内容有一定了解，这样学习效果更好；
- 读者可以结合所学内容制作一些测试项目进行练习，以熟能生巧。

本书作者

本书由周尚宣编写。作者长期从事 Unity3D 游戏开发，尤其热爱动作游戏，在业余时间不断地进行相关研究并制作了大量不同种类的动作游戏 Demo。由于本书写作时间有限，书中可能还存在一些疏漏与不足之处，恳请各位读者指正。

|目录|

第 2 篇　动作游戏核心模块

第3篇　项目案例实战

第1篇
概述及前期准备

▶▶ 第1章　概述

▶▶ 第2章　前期准备

第 1 章　概　　述

本书主要从技术角度剖析动作游戏在 Unity3D 引擎下的开发技巧，并以 3D 动作游戏的典型模块作为切入点，在对这些典型模块探究的过程中，将讲解内容覆盖到开发的实际过程中。而对于如动作游戏中一些经典技术的实现，以及设计的思路等，笔者也会有较多的建议在书中分享。

本书首先将对游戏开发的基础知识进行梳理，这些知识点涵盖了 3D 游戏开发中常会遇到的情境。然后将对动作游戏中的典型模块进行分析，这些模块内容的运用不仅局限于纯动作类游戏，也可以拓展到其他 3D 游戏当中。本书最后将剖析一些经典案例作品，并实现一个横版 2D 游戏 Demo，在这个 Demo 中将融汇之前章节所讲述的知识并加以整合和运用。

作为本书的第 1 章，本章将从基础目标开始逐步介绍 Unity3D 引擎、动作游戏及一些动作类独立游戏的发展始末与现状，从而给读者后续章节的学习做好铺垫。

1.1　本书的侧重点及目标

动作游戏发展至今，种类已经非常多了，例如耳熟能详的育碧系欧美 ACT 游戏（如图 1.1 所示）与当下越来越多的动作角色扮演类游戏，以及纯平台跳跃类的游戏等。

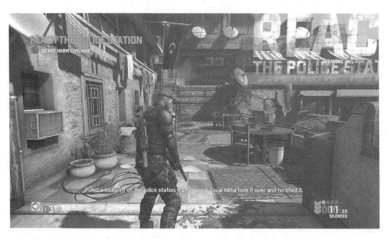

图 1.1　育碧开发的《细胞分裂》系列游戏

本书讲解的重点是 Hack and Slash 风格的动作游戏。Hack 可以理解为劈，Slash 自然就是斩了，即劈砍类动作游戏，其特点是强调游戏中的战斗部分。例如，光荣忍者组的《忍者龙剑传Σ》系列，如图 1.2 所示，或者白金工作室的《猎天使魔女》系列等。

图 1.2　光荣忍者组的《忍者龙剑传Σ》系列游戏

相信大多数人接触 Unity3D 引擎的初衷是出于对游戏的热爱，而本书最适合的群体也正是热爱动作游戏的这批"头铁"开发者们。但对于完全没有经验的新手，甚至一上来直接通过 Unity3D 接触游戏开发的朋友，不建议阅读本书，至少应该先从程序基础开始入门。

本书从动作游戏的主要模块入手进行讲解，为将来实现游戏中的各种特性打下基础。因为本书的侧重点是程序设计部分，因此对于打击感这样的复合概念不多做讲解，读者可以自行阅读其他读物进行补充。如图 1.3 所示是本书的大纲导图。

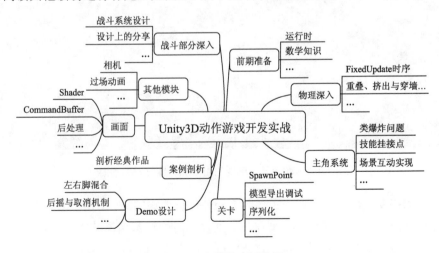

图 1.3　本书的大纲导图

1.2　Unity3D 引擎在大环境中的发展现状

2004 年，3 位才华横溢的年轻人在他们的第一款游戏失利后，决定在丹麦首都哥本哈根建立一家游戏引擎公司，于是第一个版本的 Unity3D 诞生了。2008 年，Unity3D 推出了 Windows 版本，并逐渐支持 iOS 和 Wii。2010 年前后，Unity3D 3.0 推出，并开始支持 Android，此时 Unity3D 已显露出成为一款大型游戏开发引擎的决心，这一年这款引擎开始迈入大众视野。

2012 年，Unity3D 发布了 4.0 的 Beta 版本。此时的 Unity 已经有了一部分用其开发的市面作品，主要集中在移动游戏市场。诸如 MADFINGER 的《暗影之枪》《死亡扳机》《亡灵杀手夏侯惇》《神庙逃亡》等作品，如图 1.4 所示。MADFINGER 开发的《暗影之枪》Demo 资源成为了当时大热的 Shader 学习资料之一。

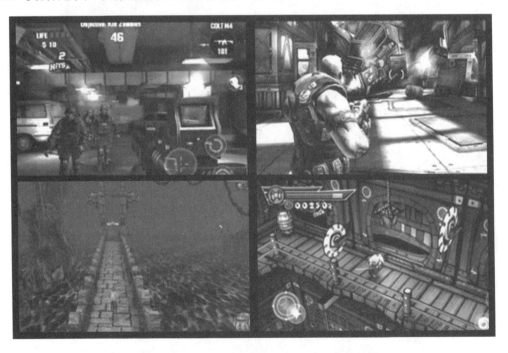

图 1.4　市面上早期出现的由 Unity3D 开发的手游

但过多的移动平台作品也成为了当时 Unity3D 被诟病的原因，由于表现力及开发工具上的不足，导致其难以支撑开发大型作品。所以当时的玩家调侃其为"手游引擎"。为了与其他引擎竞争，它必须要解决这个首要问题。随着 Unity3D 5 的发布，Unity3D 开始引入许多如 GPU Instancing、PBR 等前卫的功能，在这些新特性的帮助下逐渐与主流引擎拉近了距离。

虽然功能上渐渐追平，但笔者认为许多模块在易用性上仍存在问题。例如，在 Uinty 4.x 版本中加入的 uGUI，其在偏业务的功能上不如从 Unity3D 社区发展而来的 NGUI 插件丰富。而在新版本中主推的 ECS、Jobs System 等功能，一方面在概念上不太好理解，另一方面始终处于 Beta 阶段而无法真正用于项目中。

但无可否认，如今的 Unity3D 已经是一款优秀的游戏引擎，是开发者手中的强大 "武器"，只需要扬长避短，运用得当，就可以用它开发出理想的作品。

1.3　Steam、独立游戏及动作游戏的现状

随着《DOTA2》《绝地求生》等游戏的兴起，也让许多玩家认识了 Steam 这样一个在线商店平台。如今，Steam 已经成为了独立游戏发布的最好选择之一，近年来越来越多的爆款独立游戏在该平台上相继发布，从几年前的《星露谷物语》到最近的《中国式家长》《太吾绘卷》等。而一款动作类游戏想要发布到平台上需要做哪些准备、注意哪些问题，在下面的内容中将会找到答案。

1.3.1　Steam 平台简介

Steam 平台最早成立于 2003 年，当时只是为开发商 Valve 自己的游戏提供一些服务。直到 2005 年，Valve 正式引入了一些非第一方游戏，才使得 Steam 逐渐变为一个游戏商店。

2012 年，"青睐之光" 发布模式推出后，开发者们可以通过玩家投票机制在 Steam 上收费并发布自己的游戏。渐渐地，越来越多的独立游戏开发者涌入了 Steam 平台。

此时的 Steam 已经拥有了创意工坊、卡片交易和青睐之光等多项原创性的网站功能。通过创意工坊，玩家可以自行发布与游戏相关的 Mod，而卡片交易功能可以使玩家在运行游戏的同时获得具有收藏价值的卡片，或出售给别的玩家，Steam 正一步步完善着自己的生态。

但青睐之光的投票机制其实并不完善，往往一些出于恶趣味的搞怪类游戏会获得更多的玩家投票，而真正的独立游戏却进展缓慢。所以在 2017 年 7 月，Steam 正式取消了青睐之光制度而开启了收费上架的发布模式。如今的 Steam 依然在继续完善着自己的上架机制。

从 2003 年至今，经过多年的发展使 Steam 逐渐演变为一个稳定、成熟的游戏商店，为独立游戏的上线提供了机会。

1.3.2　国内独立游戏的开端

独立游戏可泛指不受商业运作影响，单人或多人独立开发的游戏。对独立游戏的追溯可以到 2008 年之前，当时玩家及开发者对独立游戏还只是一个模糊的概念。随着《洞窟物语》《粘粘世界》的发布，再到 2010 年之后的《时空幻境》《机械迷城》等大量小众题材游戏的出现，独立游戏的概念才逐渐被大众接受。

到了 2012 年之后，随着 Unity 4 的推出及 Unreal 等游戏引擎的加速推进，一些在商业游戏坏境中锻炼出来的开发者更愿意去尝试开发独立游戏。同年，一款名为《风之旅人》的独立游戏在索尼的 PS3 平台上发布了，这款由中国制作人主导的作品无可否认地奠定了独立游戏的地位。

但快速发展的独立游戏环境并不能解决游戏开发上的困难，可查的技术资料过少，引擎功能不完善等早期开发中存在的问题仍阻碍着开发者们。2014 年，摩点网上线，这个以内容众筹为主的网站，吸引了一大批独立游戏开发者的目光。一时间，《铸时匠》《微风湾》《红石遗迹》等独立游戏众筹项目通过摩点网出现在大家的视野当中。

圈子在慢慢扩大的同时也正变得越来越复杂。一些国内游戏通过夸大其词的描述手段在 Steam 青睐之光上吸引了大量人气，其中不乏游戏玩家熟知的一些作品。例如，一款以太空沙盒为题材的探索建造类游戏，由于其宣传过于浮夸，在玩家与开发者圈中备受争议，以至于游戏在上线之后远远无法达到宣传中的效果。经过该事件的发酵，不管是开发者，还是包括摩点网在内的相关媒体，对独立游戏的态度都更加谨慎。而随着 Steam 青睐之光制度的取消，低门槛的游戏审核机制也使竞争者越来越多。在这样一个喜忧参半的大环境下，依然需要开发者们不畏艰难地继续前行。

1.3.3　细看动作类独立游戏

对于选择什么类型的游戏进行开发，不同的开发者都有自己的内心诉求。从市面上的大作来看，动作游戏无疑是选择较多的一种类型。其实笔者认为，它更像是对动作电影的一种延伸，它把电影的暴力美学在互动的层面上重新解构，让玩家得到更加真实的感官体验。

近几年随着独立游戏的发展，动作类的独立游戏越来越多，其中的大多数都吸取了独立游戏的共有优点，如加入 Roguelike 元素来简化关卡设计，或用一些像素、剪影化的美术风格去简化表现等。笔者认为，这其中对于体量把控比较好的游戏有《风卷残云》（如图 1.5 所示）等游戏，这些游戏在美术设计及资源复用上做到了相应的规避与优化，但还是存在许多的硬门槛，如打击感、动作设计这样的复合概念，必须要多人去配合，不断反复修改、调整。所以在独立游戏立项时的类型选择上，纯动作类游戏依然是一块容易被跳过的"硬骨头"。

图 1.5   动作游戏《风卷残云》

1.4   设计目标：大而全还是小而精

无论如何，独立游戏毕竟是一个后来才出现的概念。在有无数 3A 大作的今天，我们设计一样东西时往往会不由自主地参考前人的设计。比如做动作游戏开发，似乎它就必须要有 QTE、道具系统、解谜，以及引人入胜的剧情。

如今的独立游戏经过发展已经有了 Roguelike 和"银河城"等存在共识的玩法机制。以这些机制为基础，我们还可以在资源复用、功能设计等方面进一步优化设计，并把精力专注于核心玩法上。本节基于独立游戏的体量控制方面进行简单的介绍。

1.4.1   资源复用

早期的游戏由于光盘、卡带等载体的容量限制，必须对游戏资源进行复用，其表现最明显的是关卡重复。

例如，《鬼泣 4》中的一条故事线用两个主角分别"跑一遍"，而《鬼武者 3》中的不同主角都在一个场景与大时间线下展开故事。不仅是关卡资源复用，怪物、敌人类角色也可以用同一套基础模型对细节及武器、大小等进行修改，以示区别即可。过多的资源复用会被玩家诟病，而如何合理地进行资源复用才是开发者应该考虑的问题。

1.4.2　舍弃不必要的维度

如同前面所说的那样，假设我们要参照《波斯王子》来做一款偏动作方向的 ARPG 游戏，是不是也要去开发攀爬系统、飞檐走壁等功能？答案肯定是否定的。当你加入一个新的系统后，需要考虑在攀爬时遭遇的攻击等情况，新的系统产生的正交关系使维度不断上升，维护将变得越来越麻烦。所以独立游戏应该使系统足够简洁，并在深度上做得更好。

1.4.3　选择合适的题材

也许有经验的美编人员会告诉你哥特风格的建筑代价会很高，故事背景的确立并不能拍脑袋决定。选择中世纪、哥特、希腊建筑风格需要更为严谨、考究的制作，而选择像现代都市、近未来题材则更容易找到参考资料，自由发挥的空间也会多一些，但现代都市题材类游戏可能不会让玩家觉得耳目一新。无论选择何种题材的游戏，从一开始就应确定切实可行的故事发生背景、美术方向，而不是做了一半后才发现问题然后重新再来。

第2章　前　期　准　备

在正式进入模块开发的讲解之前，让我们先讲解一些前期准备方面的内容。这些内容囊括了开发游戏所必须掌握的向量基础知识、消息机制、协程和表驱动知识等。掌握这些知识点后，当游戏开发者在开发中遇到相应问题时，便可以迅速地找到解决办法。

2.1　通用预备知识

当你遇到一个类中的监听逻辑过于复杂时是否为其头疼？当你发现插值插件不能解决现有问题时是否想过换一种思路？本节所讲述的内容虽然不多，但是用途广泛，下面就展开讲解。

2.1.1　使用协程分解复杂逻辑

在 Unity 中，协程可以处理一些异步任务。例如，假设某一个角色有"饱食度"和"困倦值"两个属性，这两个属性会不断衰减，当角色饿了时会自己寻找食物，困了时会去睡觉。

乍一听似乎是行为处理，先上一个状态机？其实不用这么复杂，借助协程就可以轻松解决。下面来看一段代码示例：

```
public class Villager : MonoBehaviour
{
    const float FATIGUE_DEFAULT_VALUE = 5f;          //疲倦默认值
    const float SATIATION_DEFAULT_VALUE = 5f;        //饱食度默认值
    const float FATIGUE_MIN_VALUE = 0.2f;            //疲倦最小值
    const float SATIATION_MIN_VALUE = 0.2f;          //饱食度最小值
    float mSatiation;                                //饱食度
    float mFatigue;                                  //疲倦值
    Coroutine mActionCoroutine;                      //当前动作协程
    void OnEnable()
    {
        mSatiation = SATIATION_DEFAULT_VALUE;
        mFatigue = FATIGUE_DEFAULT_VALUE;            //数值初始化
        StartCoroutine(Tick());
```

```
        }
    IEnumerator Tick()                                            //状态刷新循环
    {
        while (true)
        {
            //饱食度下降更新
            mSatiation = Mathf.Max(0, mSatiation - Time.deltaTime);
            //疲倦值下降更新
            mFatigue = Mathf.Max(0, mFatigue - Time.deltaTime);
            if (mSatiation <= SATIATION_MIN_VALUE && mActionCoroutine == null)
                mActionCoroutine = StartCoroutine(EatFood());//切换吃食物行为
            if (mFatigue <= FATIGUE_MIN_VALUE)
                mActionCoroutine = StartCoroutine(Sleep());   //切换睡觉行为
            yield return null;
        }
    }
    IEnumerator EatFood()                                  //处理吃食物的具体动作
    {
        //开发者自定义逻辑处理，此处省略代码
        mSatiation = SATIATION_DEFAULT_VALUE;
        mActionCoroutine = null;
    }
    IEnumerator Sleep()                                    //处理睡觉的具体动作
    {
        StopCoroutine(mActionCoroutine);        //睡觉优先级最高
        //开发者自定义逻辑处理，此处省略代码
        mFatigue = FATIGUE_DEFAULT_VALUE;
        mActionCoroutine = null;
    }
}
```

动作函数内为具体实现，不展开讲解。由于睡觉的优先级最高，所以当有其他动作执行时也可以优先进入。Tick 为主刷新函数，更新着饱食度等参数，并负责触发相应的动作事件。每一个动作事件结束后会清空当前的动作协程，这样其他动作就可以进入了。

实际上一些非重要的角色或关卡逻辑，如触发剧情走向的村民，结合协程进行 Hardcode（逻辑写死）处理非常高效。通常在 Unity 开发中这些根据剧情需要"写死"的角色逻辑的类命名也很简单，如 NPC1001.cs、NPC1002.cs 等。但要注意，这些脚本不允许存在复用与依赖，你可以想象为使用某种轻量的脚本语言来编写这些逻辑。

2.1.2　自定义的插值公式

很多时候可以用 DOTween 等一些插值插件来处理相关的需求，但更多时候需要更灵活的插值处理，如射击类游戏中玩家发射导弹，角色扮演类游戏中法师释放火球等。下面会讲一些简单、实用的插值公式。

在《游戏编程精粹 1》一书中有一节内容是关于插值的，书中将插值分为整型、浮点数的帧数相关及帧数无关的几种插值类型。其中，帧数无关插值可以理解为没有一个时间限制，只需要提供一个速率值即可。使用 Lerp 函数在每帧进行插值就可以实现简单的帧速无关缓动插值：

```
x = Vector3.Lerp(x, y, dt);
```

在 Update 中每帧去调用该插值函数后，即可实现帧数无关的 EaseOut 缓动效果，如图 2.1 所示。其中变量 x 每帧都被更新，变量 dt 表示插值步幅。

但这种插值用在第三人称相机上则会表现出不适，相机运动需要一个类似于 EaseInOut 的插值效果，让插值在淡入时更加平滑。这里介绍一下 SmoothDamp 插值：

```
x = Mathf.SmoothDamp(x, y, ref v);
```

SmoothDamp 并不是一个 EaseInOut 的插值类型，但它拥有更平滑的插值结果及更多的控制参数。缓动表现如图 2.2 所示。

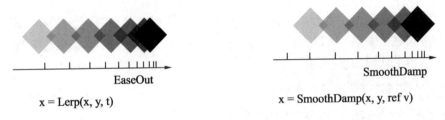

图 2.1　帧数无关的 EaseOut 插值　　　图 2.2　帧数无关的 SmoothDamp 插值

SmoothDamp 是 Unity3D 提供的一个函数，但官方文档并未给出插值公式。该函数相对于直接用 Lerp 进行插值的方式更为平缓，通常在编写相机运动逻辑时使用该插值。不过也有更合适的 EaseInOut 插值类型，例如，在《游戏编程精粹 4》一书中提供了一种相机弹簧公式，包括一些 GDC 的分享文章中也有不少相机缓动插值的提供。但笔者认为它们各有利弊，在这里不深入分析。

下面介绍几种常用的帧数相关的插值类型。首先是 Quicken 类型：

```
t = t * t;
```

Quicken 类型非常简单实用，而且不会造成太多开销。可以修改为 t^n 进行细调，其中，t 是一个 0～1 之间的值，它的缓动表现如图 2.3 所示。

这种插值也可以运用在非物体运动中。例如，PostProcessingStack 插件的 Bloom 后处理效果，实现了超出颜色范围的平滑过渡处理。

下面再介绍一种较为常用的 EaseInOut 插值类型：

```
t = (t - 1f) * (t - 1f) * (t - 1f) + 1f;
t = t * t;
```

第一行的逻辑表现更类似于 SmoothDamp 那种较为平滑的运动，第二行加入 EaseIn 插值使其达到淡入淡出的插值效果，它的缓动表现如图 2.4 所示。

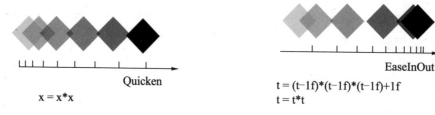

图 2.3　帧数相关的 Quicken 插值　　　　　图 2.4　帧数相关的 EaseInOut 插值

本节一共介绍了 4 种插值类型，感兴趣的读者可以自己翻阅一些 Tween 插值插件的源码进行更深入的学习。

2.1.3　消息模块的设计

一款游戏应该有一个完善的消息机制，在 Unity 中有内置简单的消息实现，但由于过多的依赖层级和组件关系，所以无法对注册式的消息广播进行处理。本节就来实现一个简单的消息管理器，代码如下：

```
public class MessageManager
{
    static MessageManager mInstance;
    public static MessageManager Instance { get { return mInstance ??
(mInstance = new MessageManager()); } }              //单例对象
    Dictionary<string, Action<object[]>> mMessageDict = new Dictionary
<string, Action<object[]>>(32);
    //分发消息缓存字典，主要应对消息还没注册但 Dispatch 已经调用的情况
    Dictionary<string, object[]> mDispatchCacheDict = new Dictionary
<string, object[]>(16);
    private MessageManager() { }
    //订阅消息
    public void Subscribe(string message, Action<object[]> action)
    {
        Action<object[]> value = null;
        //已有消息则追加绑定
        if (mMessageDict.TryGetValue(message, out value))
        {
            value += action;
            mMessageDict[message] = value;
        }
        else                                  //没有消息则添加到字典里
        {
            mMessageDict.Add(message, action);
        }
    }
    //取消消息订阅
    public void Unsubscribe(string message)
    {
        mMessageDict.Remove(message);
```

```
    }
    //分发消息
    public void Dispatch(string message, object[] args = null, bool
addToCache = false)
    {
        if (addToCache)                     //缓存针对手动拉取
        {
            mDispatchCacheDict[message] = args;
        }
        else                                //不加到缓存则当前订阅消息的对象都会被触发
        {
            Action<object[]> value = null;
            if (mMessageDict.TryGetValue(message, out value))
                value(args);
        }
    }
    //处理分发消息缓存
    public void ProcessDispatchCache(string message)
    {
        object[] value = null;
        if (mDispatchCacheDict.TryGetValue(message, out value))
        {
            Dispatch(message, value);       //如果缓存字典里存在该消息则执行
            mDispatchCacheDict.Remove(message);
        }
    }
}
```

　　以上是一个简单消息管理器的实现过程，使用单例进行调用。消息管理器除了简单的订阅（Subscribe）、取消订阅（Unsubscribe）操作以外，还需处理延迟分发（Dispatch）的情况。假设玩家在游戏中获得新装备后，系统则会发送消息通知背包面板去显示第二个页签上的红点提示，但此时背包面板尚未创建，当玩家打开背包时消息早就发送过了。而延迟消息可以先把消息推送到缓存中，由需要拉取延迟消息的类自行调用拉取函数即可。这样的设计可以应对大部分游戏对于消息管理方面的需求，包括刷怪、关卡的消息提示等。

2.1.4　模块间的管理与协调

　　首先来说一下模块的单例，关于单例的设计模式在这里就不多做介绍了。单例一般可分为 MonoBehaviour 单例和常规单例，MonoBehaviour 单例会在运行时创建一个 GameObject 对象并置于 DontDestroyOnLoad 场景中，另外 MonoBehaviour 单例需注意销毁问题。下面来看一个例子，代码如下：

```
public class MonoBehaviourSingleton : MonoBehaviour
{
    static bool mIsDestroying;                   //判断销毁的静态变量
    static MonoBehaviourSingleton mInstance;
    public static MonoBehaviourSingleton Instance
```

```
    {
        get
        {
            if (mIsDestroying) return null;    //如果已销毁则跳出，防止嵌套调用
            if (mInstance == null)
            {
                mInstance = new GameObject("[MonoBehaviourSingleton]").
    AddComponent<MonoBehaviourSingleton>();
                DontDestroyOnLoad(mInstance.gameObject);
            }                                  //创建实例并设置为 DontDestroyOnLoad
            return mInstance;
        }
    }
    void OnDestroy()
    {
        mIsDestroying = true;                  //销毁时将标记变量设置为 true
    }
}
```

上面的代码中，除了常规的创建操作以外，还在 **OnDestroy** 处增加了一个销毁判断变量，这样可防止对已销毁单例进行重复创建。

在模块初始化时我们还需考虑其相互依赖关系，可以直接在 Unity 里修改脚本的执行优先级，如图 2.5 所示，或在运行时对模块进行统一的生命周期管理。

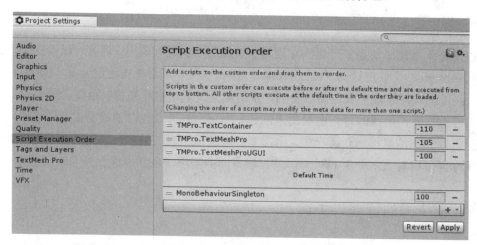

图 2.5　脚本优先级修改

2.2　基于编辑器环境的基础知识

在游戏开发的过程中，我们还需要在编辑器离线环境下进行 Unity3D 引擎内的工具开发，包括一些诸如常量生成器这样辅助性的功能开发，以及通过引擎自带的插件与其他

3D 软件进行交互式编辑等，以提升开发效率。本节将对这些内容展开讲解。

2.2.1　编辑器工具的编写

编辑器工具大致可分为脚本 Inspector 的扩展和独立窗口两大部分，这两大部分又涉及 SceneView 绘制和 Preview 窗口绘制等。相信有一定基础的读者对这些内容并不陌生，但出于梳理知识的需要，我们将从实用性角度对这些内容进行简要讲解。

1. Inspector行为面板扩展

这里以敌人脚本为例，首先新建一个 MonoBehaviour 脚本，代码如下：

```
public class Enemy_Type1 : MonoBehaviour
{
    public int hp =100;                      //血量
    public float speed = 300;                //速度
    public int atk = 10;                     //攻击力
}
```

然后对其创建行为面板扩展的 Editor 脚本。注意 Editor 脚本需要放在 Editor 文件夹下，这里可以是子文件夹。Editor 脚本实现 CustomEditor 特性，并重写 OnInspectorGUI 方法，代码如下：

```
[CustomEditor(typeof(Enemy_Type1))]          //这里链接到 MonoBehaviour 脚本
public class Enemy_Type1Inspector : Editor
{
    public override void OnInspectorGUI()    //重写面板绘制方法
    {
        base.OnInspectorGUI();

    }
}
```

代码编写好后，其文件夹结构如图 2.6 所示。

通过 OnInspectorGUI 方法的重写，我们可以为其自定义行为面板属性内容。这里增加几个按钮预设，方便初始化不同类型的参数，代码如下：

```
public override void OnInspectorGUI()
{
    base.OnInspectorGUI();
    //获取绑定的 MonoBehaviour 脚本对象
    var concertTarget = base.target as Enemy_Type1;
    if (GUILayout.Button("preset1"))         //角色属性预设 1
    {
        concertTarget.hp = 100;
        concertTarget.speed = 600;
        concertTarget.atk = 6;
    }
```

```
    if (GUILayout.Button("preset2"))                //角色属性预设 2
    {
        concertTarget.hp = 200;
        concertTarget.speed = 550;
        concertTarget.atk = 4;
    }
}
```

此时将脚本挂载在 **GameObject** 上，在行为面板中可以看见预设按钮已经创建完成，如图 2.7 所示。

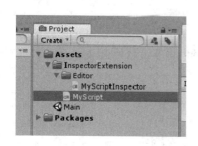

图 2.6　文件夹结构

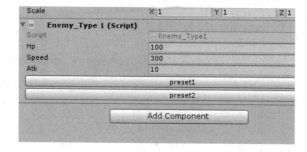

图 2.7　自定义面板

这样进行扩展很方便。但在实际开发中，更推荐采用直接获取序列化字段的写法。下面就来演示一下如何获取序列化字段绘制，并重写 GUI 显示的字段名称。代码如下：

```
public override void OnInspectorGUI()
{
    serializedObject.Update();                                //首先更新序列化对象
    //生命值，序列化字段对象
    var hpProp = serializedObject.FindProperty("hp");
    //速度，序列化字段对象
    var speedProp = serializedObject.FindProperty("speed");
    //攻击力，序列化字段对象
    var atkProp = serializedObject.FindProperty("atk");
    using (var change = new EditorGUI.ChangeCheckScope())//监测 GUI 内容改变
    {
        EditorGUILayout.PropertyField(hpProp, new GUIContent("Enemy hp"));
        EditorGUILayout.PropertyField(speedProp, new GUIContent("Enemy speed"));
        EditorGUILayout.PropertyField(atkProp, new GUIContent("Enemy atk"));
        //直接进行序列化字段绘制
        if (GUILayout.Button("preset1"))                 //预设 1 按钮
        {
            hpProp.intValue = 100;
            speedProp.floatValue = 600;
            atkProp.intValue = 6;
        }
        if (GUILayout.Button("preset2"))                 //预设 2 按钮
        {
            hpProp.intValue = 200;
            speedProp.floatValue = 550;
```

```
        atkProp.intValue = 4;
    }
    if (change.changed)                      //如果改变则应用修改
    {
        serializedObject.ApplyModifiedProperties();
    }
  }
}
```

这样就可以对 GUI 绘制进行更清晰的控制了，在处理一些较为复杂的编辑器逻辑时它可以为我们提供更严谨的书写规范。下面将演示 PreviewGUI 的使用。PreviewGUI 可以提供监视面板下的内容预览、调试等，使用它需要重写 3 个方法，代码如下：

```
//该脚本是否存在 PreviewGUI
public override bool HasPreviewGUI()
{
    return true;
}
//这里填写 PreviewGUI 的标题
public override GUIContent GetPreviewTitle()
{
    return new GUIContent("Enemy_Type1 Debug");
}
//进行 PreviewGUI 的绘制
public override void OnPreviewGUI(Rect r, GUIStyle background)
{
    base.OnPreviewGUI(r, background);

    GUILayout.Box("Enemy State:... ");       //用以调试的绘制内容
}
```

注意，第 3 个方法 OnPreviewGUI 如果使用 GUILayout 自动布局，则默认是从下向上排列，也可使用其提供的 Rect 参数进行自定义。实现后的效果如图 2.8 所示。

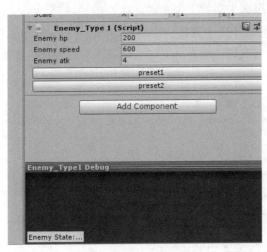

图 2.8　开启 PreviewGUI

2. 使用EditWindow自定义窗口

在 Unity 开发中我们还可以使用自定义窗口进行编辑器扩展，下面要讲解的例子将涉及基本 GUI 的绘制及 SceneView 视图下的调试。首先新建一个继承自 EditorWindow 的脚本，代码如下：

```
public class BattleDebugerEditorWindow : EditorWindow
{
    //unity 建议将自定义的插件启动项置于 Tools 目录中
    [MenuItem("Tools/Battle Debuger")]
    static void Setup()
    {
        //在这个静态方法中执行窗口的创建
        GetWindow<BattleDebugerEditorWindow>();
    }
    void OnGUI()                                    //绘制窗口的 GUI 内容
    {
        if (GUILayout.Button("Generate Enemy_Type1"))
        {
            //省略其他代码
        }
        if (GUILayout.Button("Generate Enemy_Type1 x10"))
        {
            //省略其他代码
        }
        if (GUILayout.Button("Killed All Enemy"))
        {
            //省略其他代码
        }
    }
}
```

通过 MenuItem 可以在主页签上创建对应窗口的启动项，unity 建议将自定义的插件启动项置于 Tools 目录下，这里的示例是一个战斗调试器窗口，开发者可通过该窗口创建敌人角色及销毁敌人角色。现在通过绑定 SceneView 视图对敌人角色进行高亮操作，代码如下：

```
void Awake()
{
    //场景视图 GUI 绑定
    SceneView.onSceneGUIDelegate += OnSceneGUIDelegateBind;
}
void OnDestroy()
{
    //场景视图 GUI 取消绑定
    SceneView.onSceneGUIDelegate -= OnSceneGUIDelegateBind;
}
void OnSceneGUIDelegateBind(SceneView sceneView)
{
    var enemies = GetEnemies();
    for (int i = 0; i < enemies.Length; i++)
    {
```

```
    var enemy = enemies[i];
    Handles.DrawWireCube(enemy.Position, new Vector3(0.5f, 1f, 0.5f));
  }//将敌人以方块绘制出来
}
```

```
struct EnemyInfo { public Vector3 Position { get; set; } } //调试数据
EnemyInfo[] GetEnemies() { return new EnemyInfo[] { new EnemyInfo()
{ Position = new Vector3(0f, 0f, 0f) }, new EnemyInfo() { Position = new
Vector3(1.5f, 0f, 0f) } }; }                          //调试数据
```

通过绑定 SceneView 并使用 Handles 进行绘制操作，我们可以看见生成的敌人角色已经被白色调试线框绘制出来了。在场景中的表现如图 2.9 所示。

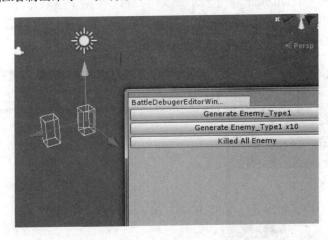

图 2.9　绑定 SceneView 绘制角色

通过 EditorWindow 和 Inspector 面板扩展，开发者可以更便利地进行开发工作，提升开发效率。

2.2.2　关联游戏配置数据

在游戏开发中，策划与程序需要有良好的配置环境来处理数据，可以直接使用 ScriptableObject 来处理数据，或者通过 Excel 转 JSON 的形式将数据表直接从 Excel 里抓取过来，也可以使用 Sqlite 进行数据存储。不过 Sqlite 在跨平台上存在一些兼容性问题，这里只介绍前两种进行数据配置的方案。

ScriptableObject 的创建很简单，只需要继承 ScriptableObject 类并标注 CreateAssetMenu 特性即可。

```
[CreateAssetMenu(fileName = "DungeonConfig", menuName = "MyProj/Dungeon
Config")]
//该特性标记了 ScriptableObject 的基本信息，只有加入该特性，脚本才能以文件对象的形式
被创建
```

```
public class DungeonScriptableObject : ScriptableObject
{
    [Serializable]                              //声明是序列化类
    public class DungeonInfo
    {
        public string displayName;              //显示名称
        public string unitySceneName;           //Unity 场景名称
        public Vector2 levelLimitRange;         //限制等级
    }
    public DungeonInfo[] dungeonInfoArray;      //地下城信息数组对象
}
```

　　这里需要注意，Serializable 特性表示该类可以被序列化，读者不要和 SerializeField 产生混淆了，前者是在 System 命名空间下的特性，后者则属于 UnityEngine 命令空间脚本编写完成后就可以在 Project 面板的右键菜单中创建了，如图 2.10 所示。

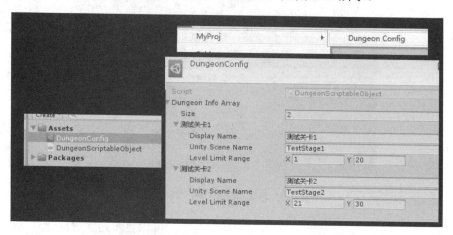

图 2.10　ScriptableObject 的创建过程

　　对于一些数据量比较大的配置信息，这样在 Unity3D 中的编辑方式显然不太友好，接下来我们将介绍通过 Excel 导入数据的处理方式。

　　这里我们使用一个开源库 EPPlus，在开源社区 GitHub 上进行搜索可以找到它。首先需要编写一个中间程序，使用 EPPlus 去读 Excel 文件并取出前几列的数据作为数据字段定义，并按照模板生成.cs 文件和 json 序列化文件，在 Unity3D 端使用中间工具将 json 文件读取出来并存入静态的字典结构中。

　　我们先来看一下 Excel 输出端的代码，这里使用的是控制台下的原生 C#语言进行编写，代码如下：

```
static void Main(string[] args)
{
    //先建立一个test.xlsx文件，并在第一行标记相应格式 '列名|类型'，如'副本名|string'
    //由于篇幅限制，默认为加载了对应的命名空间，并从 NuGet 上获取了 EPPlus 与 LitJSON
    using (var excelPackage = new ExcelPackage(new FileInfo("test.xlsx")))
```

```
    {
        var excelWorksheet = excelPackage.Workbook
                .Worksheets.FirstOrDefault();
        var excelFileName = Path.GetFileNameWithoutExtension(excelPackage.
File.Name);
        //创建单个序列化类对象，使用字符串拼接生成.cs 文件
        StringBuilder sb = new StringBuilder(), sb2 = new StringBuilder();
        sb.AppendFormat("public class {0} {{", excelFileName);
        for (int i = 1; true; i++)          //读 Excel 的第二行，列名信息
        {
            var currentElement = excelWorksheet.Cells[1, i].Value;
            if (currentElement == null) break;
            var temp = currentElement.ToString().Split('|');
            sb.AppendFormat("\tpublic {0} {1};\n", temp[1], temp[0]);
        }
        sb.AppendLine("}");
        //使用 CodeDom 动态加载这个序列化类
        var codeDomProvider = new CSharpCodeProvider(new Dictionary<string,
string> { { "CompilerVersion", "v3.5" } });
        var compilerResults = codeDomProvider.CompileAssemblyFromSource
(new CompilerParameters
        {
            GenerateInMemory = true,
            ReferencedAssemblies = { "mscorlib.dll", "System.dll", "System.
Core.dll" }
        }, new string[] { sb.ToString() }); //需要的编译信息
        var type = compilerResults.CompiledAssembly.GetTypes().FirstOrDefault();
        var list = new List<object>();        //创建 list 对象并从 xlsx 里读数据
        for (int i = 2; true; i++)            //开始读取具体数据
        {
        if (excelWorksheet.Cells[i, 1].Value == null) break;
        //创建具体对象
        var dynamicObject = Activator.CreateInstance(type);
        var fields = dynamicObject.GetType().GetFields();
        for (int field_index = 0; field_index < fields.Length; field_
index++)
            {                                   //遍历自身的字段
                var currentElement = excelWorksheet.Cells[i, field_index + 1].
Value;
                var value = Convert.ChangeType(currentElement, fields
[field_index].FieldType);
                //设置读到的值
                fields[field_index].SetValue(dynamicObject, value);
            }
            list.Add(dynamicObject);            //把 field 从表里读入并写入 list
        }
        //模板创建命名空间
        sb2.AppendLine("using System.Collections.Generic;");
        sb2.AppendFormat("public class {0}_TableData {{", Path.GetFileName
WithoutExtension(excelPackage.File.Name)); //模板创建 class
        //模板创建静态 list
        sb2.AppendFormat("\tpublic static List<{0}> {1}_List;\n", type.
FullName, Path.GetFileNameWithoutExtension(excelPackage.File.Name));
```

```
        sb2.AppendLine("}");
        //生成文件
        File.WriteAllText(excelFileName + "_TableData.cs", sb2.ToString());
        File.WriteAllText(excelFileName + ".cs", sb.ToString());
        File.WriteAllText(excelFileName + ".json", JsonMapper.ToJson(list));
    }
}
```

注意，为了测试方便，默认创建了 test.xlsx 文件，并在第一行赋予了相应字段格式"名称|类型"。

再来看看导入部分，我们将生成的.cs 文件和 json 放入 unity 工程目录下，并假设 json 文件存于 Resources 的根目录下且导入了 LitJson，然后进行导入脚本的编写，代码如下：

```
using System.Collections.Generic;
using UnityEngine;
using LitJson;                          //引用 json 库的命名空间

public class XlsxJsonLoader : MonoBehaviour
{
    void Awake()
    {
        test_TableData.test_List = JsonMapper.ToObject<List<test>>
(Resources.Load<TextAsset>("test").text);
        foreach (var item in test_TableData.test_List)//遍历反序列化的 list
        {
            Debug.Log("DungeonName: " + item.DungeonName + " DungeonLevelBegin:
" + item.DungeonLevelBegin + " DungeonLevelEnd: " + item.DungeonLevelEnd);
            //打印的内容对应 xlsx 里填写的值
        }
    }
}
```

以上脚本仅作为演示，在开发过程中使用 Excel 转 json 时会有许多十分完善的库可以在 GitHub 上找到。

2.2.3 常量生成器

在项目开发中我们可以对诸如 Layer、Tag 等编辑器数据进行常量生成，来代替在代码中通过输入字符串生成常量的形式以提高开发效率。

Layer 的生成可以通过 LayerMask.LayerToName 获取层名称，Tag 的生成可以手动将预制 Tag 标签写入常量列表，其他的自定义 Tag 可以从 TagManager.asset 中获得。这里以生成 Layer、Tag 常量类为例，参考代码如下：

```
var sb = new StringBuilder();                    //准备模板生成
sb.AppendLine("public class _Const");
sb.AppendLine("{");

for (int i = 0; i < 32; i++)                      //遍历所有 Layer
```

```
{
    var name = LayerMask.LayerToName(i);      //通过 Unity 的接口拿到 Layer 名称
    name = name
        .Replace(" ", "_")
        .Replace("&", "_")
        .Replace("/", "_")
        .Replace(".", "_")
        .Replace(",", "_")
        .Replace(";", "_")
        .Replace("-", "_");                    //对常见的特殊字符进行过滤
    if (!string.IsNullOrEmpty(name))
        sb.AppendFormat("\tpublic const int LAYER_{0} = {1};\n", name.
ToUpper(), i);
}
sb.AppendLine("\tpublic const string " + ("Tag_Untagged".ToUpper() + " = "
 + "\"Untagged\";"));
sb.AppendLine("\tpublic const string " + ("Tag_Respawn".ToUpper() + " = "
+ "\"Respawn\";"));
sb.AppendLine("\tpublic const string " + ("Tag_Finish".ToUpper() + " = "
+ "\"Finish\";"));
sb.AppendLine("\tpublic const string " + ("Tag_EditorOnly".ToUpper() + "
= " + "\"EditorOnly\";"));
sb.AppendLine("\tpublic const string " + ("Tag_MainCamera".ToUpper() + "
= " + "\"MainCamera\";"));
sb.AppendLine("\tpublic const string " + ("Tag_Player".ToUpper() + " = "
+ "\"Player\";"));
sb.AppendLine("\tpublic const string " + ("Tag_GameController".ToUpper()
+ " = " + "\"GameController\";"));    //把一部分内置 Tag 先写死

var asset = UnityEditor.AssetDatabase.LoadAllAssetsAtPath("ProjectSettings/
TagManager.asset");                            //取得自定义 Tag
if ((asset != null) && (asset.Length > 0))
{
    for (int i = 0; i < asset.Length; i++)
    {
        //创建序列化对象
        var so = new UnityEditor.SerializedObject(asset[i]);
        var tags = so.FindProperty("tags");    //读取具体字段
        for (int j = 0; j < tags.arraySize; ++j)
        {
            var item = tags.GetArrayElementAtIndex(j).stringValue;
            sb.AppendFormat("\tpublic const string TAG_{0} = \"{1}\";\n",
item.ToUpper(), item);
        }                                       //添加到模板
    }
}
sb.AppendLine("}");
File.WriteAllText("Assets/GeneratedConst.cs", sb.ToString()); //写入硬盘
UnityEditor.AssetDatabase.Refresh();           //通知 Unity 刷新
```

此外，还可以对 Resources、BuildSetting 中的场景、UI 等内容进行常量配置，这里仅作为思路扩展，具体可依据项目需求而定。

2.3　3D 游戏所需要的数学知识

本节将会对 3D 游戏涉及的一些数学基础知识进行讲解，在敌人 AI、场景中物件互动、着色器编写等方面都会应用到这些数学知识。在讲解时将结合实际项目中遇到的一些问题进行介绍，下面开始本节的学习。

2.3.1　向量加减

向量加法在游戏中运用较广泛。例如，第三人称相机在后推时我们可以根据身后向量和左右两侧向量求得合适的中间位置，进而对后推方向进行细化；当设计 AI 时我们可以通过攻击目标正前方和两侧方向来求得进攻方向的点。

当计算向量加法时，我们可以使用平行四边形定则来得出向量加法的结果，而向量减法则是加法的逆运算，一个向量加上另一个向量的负方向就是减去的那个方向，如图 2.11 所示。

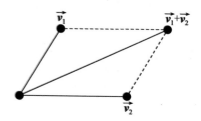

图 2.11　向量加法的平行四边形法则

如果将其想象成平行四边形可能并不易于理解，我们可以假设在 Unity 中有一个世界空间 y 轴方向长度的向量(0,1,0)和一个世界空间 x 轴方向长度的向量(1,0,0)，它们相加后会得到(1,1,0)这样一个结果，如图 2.12 所示。

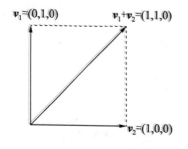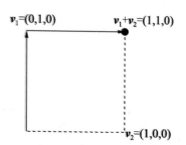

图 2.12　向量加法的另一种表现

图 2.12 中的右图就是先加上 y 方向向量再加上 x 方向向量的结果，这样更加便于理解。一般在实际运用中我们将相加结果再归一化为矢量，这样就可以得到中间向量了。例如，使用如下代码可以求得到角色前、后、左、右等 8 个方向的指向信息：

```
var forward = transform.forward;        //正前方
var backward = -transform.forward;      //后方
```

```
var right = transform.right;                              //右侧
var left = -right;                                        //左侧
var forward_right = (forward + right).normalized;         //右前方
var forward_left = (forward + left).normalized;           //左前方
var backward_right = (backward + right).normalized;       //右后方
var backward_left = (backward + left).normalized;         //左后方
```

2.3.2　点乘

点乘，即数量积、内积。在三维向量中它得到的是两个向量夹角的 cos 值，通过它可知两个向量的相似性，自己和自己点乘也可以用来求模，还可以用其判断正面或背面方向等。点乘在公式中以一个点表示，如图 2.13 所示。

图 2.13 为向量 v_1 和 v_2 进行点乘操作的公式表示，当使用两个标量进行点乘操作时，它们的点乘结果在 1 与-1 之间，如果它们完全一致，则结果为 1，反之为-1。我们在图 2.14 中用虚线箭头来形象地表示两个标量进行点乘。

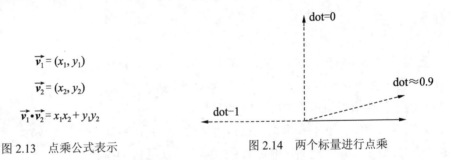

$$\vec{v_1} = (x_1, y_1)$$
$$\vec{v_2} = (x_2, y_2)$$
$$\vec{v_1} \cdot \vec{v_2} = x_1 x_2 + y_1 y_2$$

图 2.13　点乘公式表示　　　　　图 2.14　两个标量进行点乘

我们可以把点乘运用在光照计算里，如果反转后的模型法线和入射角点乘结果大于 0 的话，就以光照强度表现出来，一个基础平行光的计算代码如下：

```
float3 N = modelNormal;              //模型法线
float3 L = LightDirection;           //光线入射角
return max(dot(N, -L), 0);
```

例如，我们做一个推箱子的功能模块，当到达某触发区域后，这个模块需要知道角色是从哪个方向触发了推箱子的交互按钮，因为不同方向会触发不同的推箱子动作，使用点乘进行判断的脚本代码如下：

```
void PushBox(Transform playerTransform, Transform boxTransform)
{
    const float ERROR = 0.5f;

    //箱子正面
    if (Vector3.Dot(playerTransform.forward, -boxTransform.forward) > ERROR)
    {
        //省略具体执行代码
    }
```

```
    else if (Vector3.Dot(playerTransform.forward, boxTransform.forward) >
ERROR)                                                //箱子背面
    {
        //省略具体执行代码
    }
    else if (Vector3.Dot(playerTransform.forward, boxTransform.right) >
ERROR)                                                //箱子左边
    {
        //省略具体执行代码
    }
    else if (Vector3.Dot(playerTransform.forward, -boxTransform.right) >
ERROR)                                                //箱子右边
    {
        //省略具体执行代码
    }
}
```

点乘的应用场景非常频繁，如只有在扇形区域内才能触发的交互、依据地面法线朝向进行的刚体位置修正、怪物的正/背面受击判断等。

2.3.3　叉乘

叉乘，即向量积、外积。例如，两个向量 v1 和 v2 进行叉乘，它们的叉乘结果将垂直于 v_1 和 v_2，并且结果长度是 v_1、v_2 构成的平行四边形面积，如图 2.15 所示。

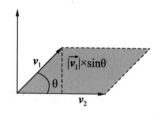

以图 2.15 为例，我们知道求平行四边形的面积是用底×高，现在我们已知斜边是 v_1，但是高不知道，所以用 v_1 的模长乘以 sinθ 得到高，然后再计算出面积，也就是叉乘结果。其结果向量垂直于 v_1,v_2 但垂直轴向不定，既可以是+z 也可以是-z，具体朝向可以参考右手螺旋定则和左右手坐标系而定，这里不做展开讲解。

$$\vec{v_1} \times \vec{v_2} = |\vec{v_1}| \times |\vec{v_2}| \times \sin\theta$$

图 2.15　叉乘公式表示

在 shader 编写中叉乘有一个比较经典的运用，那就是通过法线方向和切线方向求得副法线方向：

```
var bionormal = cross(normal, tangent);
```

这个还可以引申到敌人 AI 的编写中。例如，射线检测到前方有一堵墙，而我们又知道当前的重力方向，于是需要往另一个方向走以绕开这堵墙壁，编写代码如下：

```
var hasWall = Physics.Raycast(transform.position, transform.forward, 1f);
if (hasWall)                                          //如果有一堵墙我们就绕开它
{
    var bypassDirection = Vector3.Cross(transform.forward, Physics.gravity.
normalized);
    Move(bypassDirection);
}
```

这里再举一个例子，正如上面所说的叉乘结果会在正负方向上变化，因此我们可以通过它来确定敌人是在你的左边还是右边，编写代码如下：

```
/*确定敌人在右边还是在左边*/
EEnemyDirection GetEnemyDirection(Transform self, Transform enemy)
{
    var cross = Vector3.Cross(self.forward, enemy.position - self.position);
    if (cross.y > 0) return EEnemyDirection.Right;
    else return EEnemyDirection.Left;
}
```

我们用敌人和玩家的方向差与玩家 forward 方向来比较，由于 Unity3D 是左手坐标系，所以判断叉乘结果的 y 分量是否大于 0 即可得到敌人是位于玩家右边还是左边。但需要注意，这个做法只存在于默认引力方向的情况下，对于存在改变引力的游戏，还需加入一些额外的逻辑处理。

2.3.4　投影

向量投影也是一个经常接触的概念，比如欧美动作游戏中经常出现的一种轨道式像机 DollyCamera，它的映射实现就要经过向量投影这个步骤。向量投影公式的表示如图 2.16 所示。

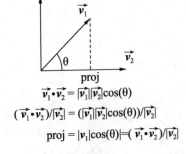

$$\vec{v_1} \cdot \vec{v_2} = |\vec{v_1}||\vec{v_2}|\cos(\theta)$$

$$(\vec{v_1} \cdot \vec{v_2})/|\vec{v_2}| = (|\vec{v_1}||\vec{v_2}|\cos(\theta))/|\vec{v_2}|$$

$$\mathrm{proj} = |\vec{v_1}|\cos(\theta)| = (\vec{v_1} \cdot \vec{v_2})/|\vec{v_2}|$$

图 2.16　向量投影公式表示

我们通过 v_1 和 v_2 的点乘等式和投影原公式进行比较，从而得出新的等式。Unity3D 中 Vector3 封装的投影方法不仅可以得到模长还会返回向量类型结果。

在固定视角第三人称游戏中我们需要让主角的移动方向和当前相机方向保持一致，而不是自身的 Forward 和 Right 朝向，这时候就需要用到向量投影到平面将轴向归为水平位置。代码如下：

```
void UpdateMove(float speed)
{
    var horizontal = Input.GetAxis("Horizontal");
    var vertical = Input.GetAxis("Vertical");
    //获得 x,y 输入轴的值，范围在-1 到 1 之间
    var upAxis = Physics.gravity.normalized;
    //垂直方向轴，一般取当前重力方向
    var forwardAxis = Vector3.ProjectOnPlane(Camera.main.transform.forward,
upAxis);
    var rightAxis = Vector3.ProjectOnPlane(Camera.main.transform.right,
upAxis);
    //让 forward、right 轴归于水平位置
    ExecuteMove((forwardAxis * vertical + rightAxis * horizontal).normalized
* speed * Time.deltaTime);
}
```

以上脚本片段通过传入速度参数和输入信息进行当前对象的移动控制，并根据当前相机的观察角度进行输入方向的矫正。

2.3.5　四元数

由于欧拉角旋转会造成万向节死锁问题，所以有关旋转我们用得最多的就是四元数，但对于基础不太好的开发者来说它是一个头疼的概念。通常我们用角-轴去表示一个旋转，例如：

```
transform.rotation = Quaternion.AngleAxis(-90, Vector3.forward);
```

这表示沿 Forward 世界轴向旋转 90°，如图 2.17 所示。

和欧拉角不同的是四元数可以不断累乘，开发者可以把每一个旋转步骤分开表示并在最终将它们相乘。四元数和矩阵相乘类似，但必须注意相乘的左右顺序：

```
//forward 正方向旋转 90 度的角轴
var a = Quaternion.AngleAxis(90, Vector3.forward);
//right 正方向旋转 90 度的角轴
var b = Quaternion.AngleAxis(90, Vector3.right);
transform.rotation = a * b;
```

例如，我们定义了 a 和 b 两个角轴方法创建的四元数，调换它们的相乘顺序后得到的却是不同的结果，如图 2.18 所示。

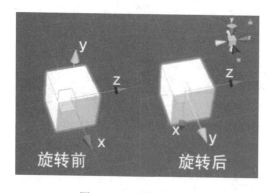

图 2.17　一个角轴旋转

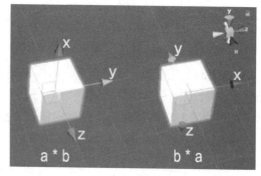

图 2.18　四元数不同的相乘顺序导致不同的结果

除了轴角，还可以用 From-To 的方式去表示一个旋转。例如，要做一个四元数插值，代码如下：

```
Quaternion mFromTo;
void OnEnable()
{
    mFromTo = Quaternion.FromToRotation(transform.forward, Vector3.forward);
}
void Update()
```

```
{
    transform.rotation = Quaternion.Lerp(transform.rotation, mFromTo, 17 *
Time.deltaTime);
}
```

FromTo 表示对象是从当前 **Forward** 方向插值到世界 **Forward** 方向，我们将它放到 **Update** 里的每一帧去更新。假如想要知道什么时候插值即将完成，则可以用四元数点乘去判断，它和向量点乘类似，不一样的是其结果会不断接近-1,1 两个零界点，这里用绝对值来进行判断，代码如下：

```
var dot = Quaternion.Dot(transform.rotation, mFromTo);
if (Mathf.Abs(dot) > 0.8f)
{
    //省略具体执行代码
}
```

这样就完成了接近目标时的判断。在摇杆控制游戏角色旋转时，检测角色是否接近旋转插值的目标时使用四元数点乘就非常适合。

2.4　其他准备

除了前面几节所说的点，在游戏开发中依旧有许多问题是我们需要关注的。例如，GC、内嵌控制台、合理的项目目录结构等，本节就针对这些问题进行详细讲解。

2.4.1　关注项目中的 GC 问题

GC（Garbage Collection）即垃圾回收，当我们在编写程序时经常需要分配内存与释放内存，垃圾回收机制虽然帮我们解决了释放内存的问题，却也带来了性能影响。当我们在一块临时的作用域上创建了引用类型对象时，就会产生内存垃圾，比较常见的如 Unity 自己的物理投射接口：

```
void Update()
{
    var hits = Physics.RaycastAll(new Ray(Vector3.zero, Vector3.forward), 5f);
    for (int i = 0; i < hits.Length; i++)
    {
        //省略其他代码
    }
}
```

我们在每帧调用 RaycastAll 射线投射，并返回所有的射线查询结果。由于返回它们需要开辟新的内存分配数组，所以上述代码每帧都会产生 GC 开销，在 Profile 分析器面板里我们可以进行查看，如图 2.19 所示。

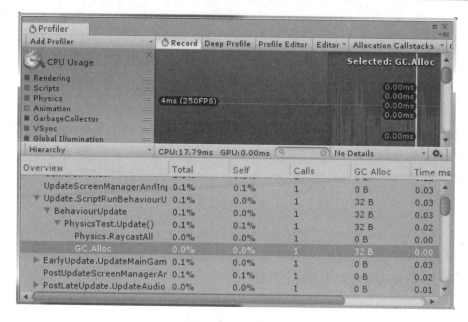

图 2.19　Profile 分析器面板

为了避免这个问题，Unity 为我们提供了没有 GC 分配的 NonAlloc 接口，它将返回的集合缓存起来以避免开销：

```
RaycastHit[] mCacheHits;

void Start()
{
    mCacheHits = new RaycastHit[100];          //缓存 100 个射线查询结果
}
void Update()
{
    var hitsCount = Physics.RaycastNonAlloc(new Ray(Vector3.zero, Vector3.
forward), mCacheHits, 5f);
    for (int i = 0; i < hitsCount; i++)
    {
        var hit = mCacheHits[i];
        //省略其他代码
    }
}
```

除了一些 API 会造成 GC 开销之外，在日常操作中如 Lambda、字符串拼接等也都会造成 GC 开销。我们应当尽量减少每帧更新造成的 GC，并将一些每帧会产生 GC 的操作移入场景的初始加载中。

2.4.2　控制台工具的编写

一般我们在游戏运行时集成 Console 控制台以便于调试开发，控制台允许用户输入命令并显示 Log（调试）信息，如图 2.20 所示。

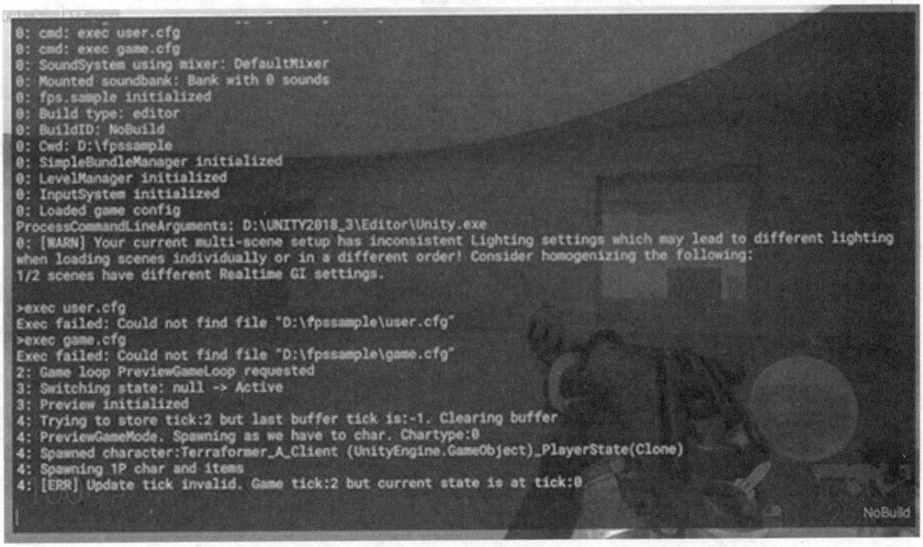

图 2.20　Unity FPS Sample 的控制台

我们可以通过 uGUI 编写控制台界面并使用 Application 类中提供的事件回调来获取 Log 消息，具体代码如下：

```
void OnEnable()
{
    Application.logMessageReceived += LogMessageReceived;
    //接收 Log 消息，包含不同线程
    Application.logMessageReceivedThreaded += LogMessageReceivedThreaded;
}
void LogMessageReceived(string condition, string stackTrace, LogType type)
{
    //省略其他代码
}
void LogMessageReceivedThreaded(string condition, string stackTrace,
LogType type)
{
    //省略其他代码
}
```

logMessageReceivedThreaded 事件为我们提供了不同线程 log 消息的支持。对于命令的处理可以自行设计封装相应接口，这里不再展开介绍。

2.4.3　项目目录结构建议

一套合理的目录结构对实际项目开发是有帮助的。Unity3D 本身有许多 Demo 可供下载，笔者借鉴其 Demo 并结合自己的开发经验列举了一套目录结构供读者参考，如表 2.1 所示。

表 2.1　项目目录结构参考

目　录　名	说　　明
_RawAssets	存放一些临时美术资源文件/包，或者商店下载的音乐包
Animations	存放动画文件
AnimatorMisc	存放动画Mask、剥离的混合树文件、动画控制器文件等
Conf	独立的配置文件，如插件配置信息、全局配置、shader变体集文件等，可建立一个Resources子文件夹，考虑一些配置的动态加载
Fonts	字体目录
Gizmos	Gizmos目录
Textures	UI图片、Cubemap、RenderTexture、各种独立于模型的材质
Tests	注意这里不是单元测试，而是开发人员存放一些不确定的功能或功能测试。只有测试完成的模块才能放入关卡中
Materials	独立创建的材质球
Models	模型文件夹，包含不同模型子文件夹及模型的材质和材质球
Modules	模块文件夹，每个模块是一个子文件夹，包含模块所需的各种文件类型，如相机模块和战斗模块等
Plugins	插件文件夹，与项目内容完全没有依赖的工具应放置于此，由于是不同的程序集，因此与放在外边相比会提高脚本编译速度
Prefabs	通用预制物，用于关卡编辑时方便拖出
Resources	主Resources文件夹目录，可能还会有Resources/Prefabs、Resources/Animations这样的结构，这里不做展开介绍。需要注意，过多的Resources引用其读取并不连续，会拖慢加载速度，可以考虑换成AssetBundle的形式
Scenes	场景文件夹
Scripts	和Modules相似，通常Scripts用于存放一些临时性的脚本。一些可插件化的脚本内容并不建议放置于此目录
Shaders	着色器，cginc、hlsl、compute文件
StreamingAssets	需要外部加载的文件目录，依据项目而定
UI	UI目录，其中每个UI可以有相应的文件夹结构，以便于调试

为了避免文件夹过多，我们可以用下划线平级分类来对文件夹进行命名。例如，对于Cutscene0001_Character_Pawn01，我们可以迅速在文件夹排序中筛选出 Cutscene0001 的资

源；再如，在 Scripts 下会有一些针对特定关卡的逻辑写死脚本，我们可以将其命名为 Stage02_NPC1001、1002 等。此外，对于单元测试等一些独立性较强的部分一般可以考虑拆分工程，这里不再展开介绍。

2.4.4　项目的程序流程结构建议

在游戏项目的开发中，程序的流程结构是没有确切规范的，这里笔者结合自身经验给出一个针对程序流程的建议，如图 2.21 所示。

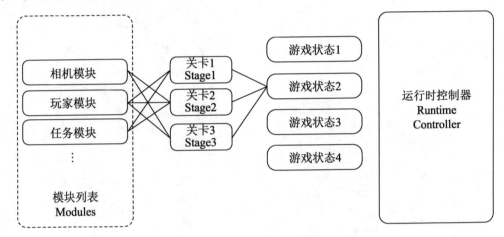

图 2.21　程序结构示例

图 2.21 中展示了一个关卡制游戏的大体程序结构。一个模块是叫 Manager、Controller 或是 System 应由它的功能所决定，这里的 RuntimeController 模块关联了整个游戏的进程，它可以切换不同的游戏状态。例如，LOGO 展示阶段是一个状态，主菜单、游戏游玩阶段又是另外几种状态，而在进入游戏中的具体关卡之后，不同的关卡又会依赖不同的模块。

模块的初始化顺序及生命周期由 RuntimeController 所控制，RuntimeController 自己的生命周期由调用它的脚本所控制，这个脚本可以叫作 Spark 或者 BootStrap，它负责启动 RuntimeController 进入第一个状态。

第 2 篇
动作游戏核心模块

第 3 章   物理系统详解

如果使用者对 Unity 中的物理系统了解不够充分,则会由于使用不当而出现种种问题。本章将针对参数设置、更新逻辑和一些常见问题进行详细介绍。首先介绍在实际开发中遇到的问题及优化操作,然后会实现一个自定义的碰撞系统供开发者选择使用或参考。

3.1   物理系统基本内容梳理

本节将对物理系统中的一些基础概念进行介绍,并对游戏开发中那些容易被忽视的关键参数做重点讲解。

3.1.1   系统参数设置

在 Unity3D 中选择 Edit | Project Settings | Physics 选项,可以打开物理参数的调节面板,如图 3.1 所示。

其中有几项参数需要注意:

- Gravity:采用标准重力-9.81 作为默认值,在实际开发中为了表现夸张的效果,可以将下落重力乘以独立系数变量 GravityScale,并在脚本中赋予 Velocity 字段进行更新。
- Queries Hit Backfaces:进行背面射线查询,如果有需要查询 MeshCollider 背面(法线相反的方向)的情况,请开启该功能。
- Layer Collision Matrix:物理相交矩阵,确定多个 Layer 之间的相交关系,一旦不相交,则不会触发它们之间的碰撞关系。例如,在制作游戏中的幽灵对象时,可以把幽灵层和障碍物层的勾选全部去掉。

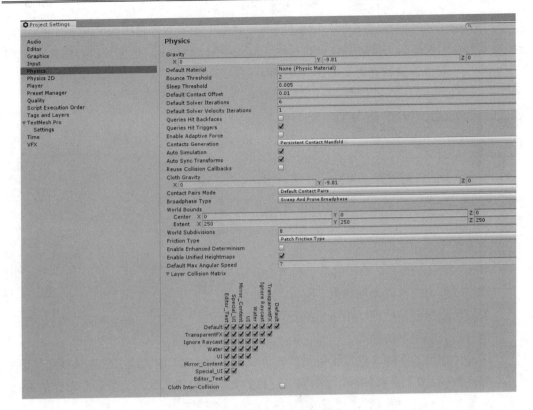

图 3.1　Physics 设置面板

3.1.2　Fixed Update 更新频率

Fixed Update 的更新频率在游戏开发中依然是一项很重要的设置，若设置不当则会因角色移动速度过快而造成穿墙问题。在 Fixed Timestep 设置面板中选择 Project Settings | Time 选项，可在其中设置 Fixed Timestep 参数，如图 3.2 所示。

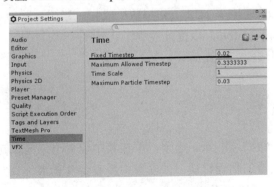

图 3.2　Fixed Timestep 设置面板

与 Update 函数每帧更新不同，Fixed Update 函数的更新频率是按照时间进行更新的，假如设置为 0.01，那么 1 秒钟必然会执行满 100 次 Fixed Update。这部分内容将会在 3.2.1 节中讲述，一般将该值设置为 0.02 或 0.01 即可。

3.1.3　Rigidbody 参数简介

若刚体参数设置不当，会导致穿墙甚至一些物理抽搐问题。下面按照顺序来介绍刚体的每项参数设置，对于一些非重要参数会简单带过。参数面板如图 3.3 所示。

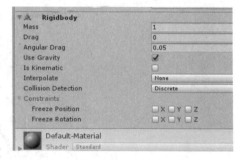

图 3.3　Rigidbody 参数

主要参数说明如下：

- Mass：刚体的质量，不同的质量设置会在游戏里以推力的方式表现出来。例如，大质量的物体会很轻易地推动小质量的物体，但该值并不会影响下落速度。
- Drag：阻尼，不建议保持该值为默认值 0。因为游戏中的物理引擎本身就是基于单浮点数的，并不足够精确，过小的阻尼参数会造成结果抖动而出现一些奇怪的 Bug。
- Angular Drag：角阻尼，意义与 Drag 类似但对应于旋转。
- Use Gravity：是否应用重力。
- Is Kinematic：开启此选项后物体不会受到物理特性的影响。
- Interpolate：插值方式，Interpolate 内插值会落后后边一些，但比外插值平滑。Extrapolate 外插值会基于速度预测刚体位置，但可能会导致某一帧出现错误预测。对于需要物理表现的物体，建议选择内插值。
- Collision Detection：碰撞检测方式，默认是 Discrete 关闭连续碰撞检测的状态。对于游戏中的主角或敌人，需要设置成 Continuous 连续，这样当过快移动时能防止穿墙；对于次重要的物体，比如一些特效生成物，建议设置为 ContinuousDynamic 或者 ContinuousSpeculative，以提升性能。
- Constraints：刚体约束方式。

3.1.4　物理材质设置

选择 Project Settings | Physics 选项，可在其中设置全局的默认物理材质，也可以在 Collider 上挂载我们需要的物理材质。若项目中没有特殊要求，只需要配置两种物理材质最大摩擦力和最小摩擦力类型即可，如图 3.4 所示。

图 3.4　物理材质设置

3.2　常见问题

本节将针对内置物理系统在实际运用中遇到的一些问题展开讲解，包括游戏开发中的角色位移及控制驱动逻辑，并会对物理的更新方式进行介绍。

3.2.1　物理步的理解误区

Unity3D 中的物理更新时序是按照时间来进行的，在 Unity3D 官方文档中，每一个物理更新称之为物理步（PhysicsStep），依赖物理步的触发事件有 OnTrigger、OnCollision 系列和 FixedUpdate 等。

在 Unity3D 的 TimeManager 中可以设置物理步的更新频率，若更新频率为 0.01 则表示 1 秒钟执行 100 次，这 100 次会分配到每帧当中，既有可能出现当前帧不执行物理步的情况，也有可能出现当前帧执行 2 次或者多次物理步的情况，如图 3.5 所示。

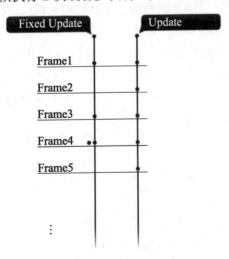

图 3.5　Fixed Update 更新时序

因此，若将输入检测逻辑或需要每帧检测的逻辑放入物理步中进行判断则会出错，开发者需要特别注意这类问题。

3.2.2　重叠与挤出问题

当一个刚体对象（A）在另一个碰撞器（B）中时，会发生挤出现象。如果 B 对象也附着有刚体组件且质量相当，那么它们会有一个相互的斥力；如果 B 对象没有刚体组件或者刚体组件质量比 A 对象大很多，那么 A 对象将会被挤出。如果挤出中的对象碰到了其他非刚体碰撞器或者质量较高的带刚体碰撞器，则会停止，卡在原地。

重叠时造成的挤出位移并不是一帧内就执行完成的，而是会分成多步完成，直至不发生重叠为止。由于挤出方向并不能让用户自定义，所以可能会产生朝外挤出的情况，也就是游戏中的穿墙问题。穿墙通常是由于一些特殊脚本控制的瞬移操作造成的，所以我们首先要保证角色的碰撞检测为连续的，这样可以让刚体驱动的物理位移在高速移动下不会产生穿墙现象，如图 3.6 所示。

其次我们可以将一个比较大的场景碰撞拆分成多份，并将一些 MeshCollider 碰撞勾选 Convex 转换为凸包，以保证碰撞检测的结果正确性。

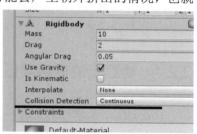

图 3.6　刚体对象碰撞检测设置

3.2.3　地面检测优化处理

对于地面的检测，若项目中采用 Unity3D 自带的角色控制器(CharacterController)组件可以通过 isGrounded 字段进行判断，但不够灵活。而对于未采用角色控制器的项目，我们可以在角色脚底投射一根射线去检测并保证每帧的执行。但对于较复杂的地面碰撞，一根射线并不能达到准确检测的目的。在 Unity3D 的 Standard Assets Demo 中角色用了向下投射胶囊的方式去检测地面，这里参考其做法使用多根射线投射的方式进行检测。

```
void IsOnGroundUpdate(Transform[] groundPoints, LayerMask layerMask, float
length, out bool isOnGround, out RaycastHit cacheRaycastHit)
{
    isOnGround = false;
    cacheRaycastHit = default(RaycastHit);                 //初始化数值
    //遍历所有地面检测点
    for (int i = 0, iMax = groundPoints.Length; i < iMax; i++)
    {
        var groundPoint = groundPoints[i];
        var hit = default(RaycastHit);
        var isHit = Physics.Raycast(new Ray(groundPoint.position,
-groundPoint.up), out hit, length, layerMask);        //射线检测
```

```
        if (isHit)
        {
            isOnGround = isHit;
            cacheRaycastHit = hit;          //缓存结果多次使用
            break;                          //检测到即刻跳出
        }
    }
}
```

我们可以在编辑器下生成地面检测点，一般使用 3 个检测点即可。

3.2.4　Dash 与瞬移的优化

在动作游戏中经常需要制作 Dash 冲锋类技能或是瞬移类技能，正如上一节所说，我们需要严谨地考虑会产生的物理问题，所以不能随意地改变坐标来实现需求效果。可以用 SweepTest 方法进行瞬移目标点的测试，代码如下：

```
void BlinkTo(Transform trans, Vector3 dstPoint)
{
    //trans 为正在瞬移的对象，dstPoint 为目标点
    var diff = (dstPoint - trans.position);          //距离差向量
    var length = diff.magnitude;                     //目标长度
    var dir = diff.normalized;                       //目标方向
    var hit = default(RaycastHit);
    //对瞬移目的地进行 SweepTest 测试
    if (selfRigidbody.SweepTest(dir, out hit, length))
    {
        //返回 true 说明碰到了障碍物
        var dstClosestPoint = hit.collider.ClosestPointOnBounds
(testTransform.position);                            //目标 Bounds 的边界点
        var selfClosestPoint = selfRigidbody.ClosestPointOnBounds
(dstClosestPoint);                                   //自己相对于目标的边界点
        //边界点距离差
        var closestPointDiff = selfClosestPoint - transform.position;
        //移动到障碍物的合适位置
        transform.position = dstClosestPoint - closestPointDiff;
    }
    else
    {
        trans.position = dstPoint;                   //没有碰到障碍物，瞬移到目标点
    }
}
```

SweepTest 扫描测试可以检测在一定距离内物体是否与其他碰撞器产生相交，对于产生相交的物体，我们可通过 ClosestPointOnBounds 拿到边界，从而得到碰到障碍物后的修正位置。但 SweepTest 无法设置检测目标的起始位置，Rigidbody 方法为我们提供了 position 字段，可以在下一次物理更新前更新它的位置，代码如下：

```
var rigidbody = GetComponent<Rigidbody>();
rigidbody.position = transform.position;
```

那么对于 Dash 类技能的冲刺逻辑就不能用 SweepTest 了，因为它是一个多帧的操作，需要考虑是否存在空中的因素，这里以空中向地面 Dash 为例，代码如下：

```
IEnumerator DashTo(Transform trans, Vector3 dstPoint)
{
    //trans 是正在瞬移的对象，dstPoint 是目标点
    var selfPoisition = trans.position;
    //此处为自定义函数，修正到准确的地面位置
    dstPoint = GetGroundPoint(dstPoint);
    var waitForFixedUpdate = new WaitForFixedUpdate();
    var beginTime = Time.fixedTime;              //此处是物理更新时序
    for (var duration = 0.15f; Time.fixedTime - beginTime <= duration;)
    {
        var t = (Time.fixedTime - beginTime) / duration;
        t = t * t;                               //逐渐加速插值
        trans.position = Vector3.Lerp(selfPoisition, dstPoint, t);
        yield return waitForFixedUpdate;
    }
}
```

这是一个多帧的过程，我们用协程函数来表示，由于是空中到地面的 Dash，所以最终落下的位置需要进行额外修正，最后用上一章所讲的知识对其进行插值。由于角色受物理驱动，所以我们用物理时序进行更新。

3.2.5　踩头问题及解决方法

我们在游戏开发中经常会遇到角色跳到敌人头上或关卡物体上面之类的问题。对于关卡物体，我们可以拉高它们的垂直碰撞，使角色无法触顶；而对于游戏中的敌人或是中立 NPC，我们需要构建一个虚拟的锥形碰撞器，当角色跳到敌人头顶上后会自然滑落。它的 Gizmos 形状如图 3.7 所示。

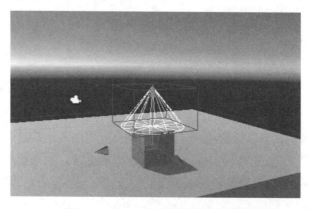

图 3.7　Gizmos 绘制的虚拟锥形碰撞

它的 Gizmos 绘制脚本如下：

```
void OnDrawGizmosSelected()
{
    var cacheColor = Gizmos.color;                          //缓存颜色
    var yAxis = -Physics.gravity.normalized;
    var center = transform.localToWorldMatrix.MultiplyPoint3x4
(fixCenterOffsetPoint) - yAxis * gradient * 0.5f;           //中心
    var diameter = radius * 2f;                             //直径
    var bounds = new Bounds(center, new Vector3(diameter, gradient,
diameter));
    var topCenter = transform.localToWorldMatrix.MultiplyPoint3x4
(fixCenterOffsetPoint);                                     //顶部世界位置
    var bottomCenter = topCenter - yAxis * gradient;        //底部世界位置
    var forward = Quaternion.FromToRotation(Vector3.up, yAxis) * Vector3.
forward;                                                    //y 轴方向修正后的
    var lastPoint = (Vector3?)null;
    for (int delta = 30, i = -delta; i < 360; i += delta)
    {
        var quat = Quaternion.AngleAxis(i, -yAxis);          //每隔 30°画圆
        var bottomPoint = bottomCenter + quat * forward * radius;
        Gizmos.DrawLine(bottomCenter, bottomPoint); //底部中心到当前底部点
        Gizmos.DrawLine(bottomPoint, topCenter);         //底部点到顶部中心
        if (lastPoint != null)
            Gizmos.DrawLine(lastPoint.Value, bottomPoint);  //连接上一根线
        lastPoint = bottomPoint;
    }
    Gizmos.color = Color.blue;
    Gizmos.DrawWireCube(bounds.center, bounds.size);     //绘制 Bounds
    Gizmos.color = Color.yellow;
    //绘制中心线
    Gizmos.DrawLine(topCenter, bottomCenter - yAxis * areaBottomExtern);
    Gizmos.color = cacheColor;                            //恢复缓存颜色
}
```

我们通过四元数每隔 30°进行一次绘制，然后把它和上一次的结果进行连线从而完成锥形的绘制。接下来需要编写锥体的包含逻辑代码，因为角色模型通常将中心点置于脚下，所以对点进行检测即可，它的逻辑代码如下：

```
bool IsConeContain(Vector3 point)
{
    var upAxis = -Physics.gravity.normalized;
    var topCenter = transform.localToWorldMatrix.MultiplyPoint3x4
(mCacheBounds.center) + upAxis * gradient * 0.5f;
    var bottomCenter = transform.localToWorldMatrix.MultiplyPoint3x4
(mCacheBounds.center) - upAxis * gradient * 0.5f;
    var dir = (bottomCenter - topCenter).normalized;
    var a = Vector3.Project(topCenter, dir);           //顶部位置再次投影
    var b = Vector3.Project(bottomCenter, dir);        //底部位置再次投影
    var c = Vector3.Project(point, dir);               //比较点的投影
    //得到投影距离比值
    var rate = Mathf.Clamp01(Vector3.Distance(a, c) / Vector3.Distance(a, b));
```

```
    var currentRadius = Mathf.Lerp(0, radius, rate);//得到当前比值的锥体半径
    //判断包含关系
    return Vector3.Distance(bottomCenter + (c - b), point) < currentRadius;
}
```

通过判断被检测物体是否被锥体包含，即可进行位置修正，修正逻辑函数如下：

```
bool ConeFix(Rigidbody target)
{
    var topCenterPoint = transform.localToWorldMatrix.MultiplyPoint3x4
(fixCenterOffsetPoint);                             //顶部中心点
    var diff = (target.position - topCenterPoint).normalized;
    var yAxis = -Physics.gravity.normalized;
    //和锥体中心偏差投影在 Y 轴
    var offset = Vector3.ProjectOnPlane(diff, yAxis);
    var bottomCenterPoint = topCenterPoint - yAxis * gradient;//底部中心点
    if (!IsConeContain(target.position))            //如果不包含在锥体中则跳出
        return false;
    //如果过于接近锥体中心则随机给一个值
    if (Vector3.Distance(offset, Vector3.zero) < error)
        offset = Vector3.ProjectOnPlane(Random.onUnitSphere, yAxis).
normalized;
    //期望的底部位置
    var expectBottomPoint = bottomCenterPoint + offset * radius;
    var a = topCenterPoint;
    //减去调节值的底部位置
    var b = expectBottomPoint - yAxis * areaBottomExtern;
    var c = target.transform.position;              //当前目标位置
    var finalSpeed = speed.y;
    var ab_dist = Vector3.Distance(a, b);           //锥体高度
    var bc_dist = Vector3.Distance(b, c);           //物体在锥体内的高度值
    if (ab_dist > bc_dist)                          //在锥体内
    {
        var rate = (bc_dist / ab_dist);
        //速度调节，越往下越快
        finalSpeed = Mathf.Lerp(speed.x, speed.y, rate);
    }
    var coneFixValue = (expectBottomPoint - topCenterPoint).normalized *
finalSpeed * Time.fixedDeltaTime;
    target.velocity += coneFixValue;                //将锥体修复值赋予刚体
    return true;
}
```

完成了锥体的检测及位置修正后，现在通过 Physics 的 OverlapBox 方法，检测包围盒覆盖到的碰撞并给锥体函数进行处理：

```
void Update()
{
    var center = transform.localToWorldMatrix.MultiplyPoint3x4
(mCacheBounds.center);
    //覆盖到的碰撞器
    var hitsCount = Physics.OverlapBoxNonAlloc(center, mCacheBounds.
extents, mCacheOverlayBoxCollider, transform.rotation, layerMask);
```

```
for (int i = 0, iMax = hitsCount; i < iMax; i++)
{
    var item = mCacheOverlayBoxCollider[i];
    if (item.transform == transform) continue;
    var rigidbody = item.GetComponent<Rigidbody>(); //获取刚体组件
    if (rigidbody != null)
        ConeFix(rigidbody);                    //如果存在刚体进行坐标下滑修复
}
}
```

最终将编写好的脚本挂载至角色对象上，测试运行后的效果如图 3.8 所示。

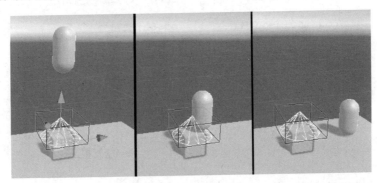

图 3.8　锥形碰撞效果

需要注意的地方是，假如在某个内 90° 的墙壁夹角处有物件挂载了此脚本，角色跳上去后会导致其卡在夹角内。对于此类问题，应尽量提高物件碰撞框的纵向高度来避免角色卡住现象。

3.2.6　动画根运动的物理问题

在 Unity3D 中，若需要对角色动画进行物理坐标上的移动，可以开启 RootMotion 根运动这项功能。当开启了根运动并播放一个有位移的动画时，若对物体速率进行修改，则不起作用，或者可以修改代码逻辑在 LateUpdate 事件函数中执行，但这样做只会在当前帧起一次作用。例如，我们想让角色被击中向后滑动一段距离，但角色表现为向后顿了一下，因为速率已经被根运动占用了。可以增加一个 StateMachineBehaviour 组件，将外部速率叠加到原始的刚体速率上加以解决。也可以让角色在进行特殊受击时关闭根运动动画，在结束后再恢复。代码如下：

```
//设置速率，error 为是否进入根运动修复的误差值，velocityRecoverError 为恢复根运动
    误差值
void SetVelocity(Animator animator, Rigidbody rigidbody, Vector3 velocity,
float error = 0.01f, float velocityRecoverError = 0.1f)
{
    myRigidbody.velocity = velocity;                    //覆盖新速率值
```

```
                      //如果大于误差则进行特殊处理
      if (myRigidbody.velocity.sqrMagnitude > error)
          mRootMotionFixCoroutine = StartCoroutine(RootMotionFixCoroutine
  (animator, rigidbody, velocityRecoverError));
  }
  //根运动特殊处理协程函数
  IEnumerator RootMotionFixCoroutine(Animator animator, Rigidbody rigidbody,
  float velocityRecoveryError = 0.1f)
  {
      myAnimator.applyRootMotion = false;       //关闭根运动
      if (mRootMotionFixCoroutine != null)      //检测是否有上一次循环
      {
          StopCoroutine(mRootMotionFixCoroutine);
          mRootMotionFixCoroutine = null;
      }
      while (true)                              //速率恢复检测的循环
      {
          if (rigidbody.velocity.sqrMagnitude < velocityRecoveryError)
              break;
          yield return null;
      }
      animator.applyRootMotion = true;          //恢复根运动
  }
```

我们还可以将它封装到 Motor 类中，如有需要可增加立即停止根运动修复协程的接口。在实际项目中，根据需要 Motor 类还可以集成许多功能，本节仅提供一个大体方向，具体功能还需读者自行查阅。

3.3 为动作游戏定制碰撞系统

在游戏开发中，物理与碰撞是非常重要的两块系统，如果出现问题则会给玩家带来糟糕的体验，如角色卡在墙壁中，或由于速率问题而引起的角色抽搐等。Unity 虽然集成了 PhysX 物理引擎，但仍有一定的不透明性。例如，使用 Velocity 去驱动吹飞、浮空等效果时仍然不能很好地控制速度快慢，而当角色受击坠落时又受到统一的重力影响。为了实现更加自由可控的逻辑表现，我们在这一节中将完成这个轻量级碰撞系统重点部分的开发，为开发一个逻辑稳定的游戏打下基础。

3.3.1 设计目标

在 Unity 中碰撞及物理系统存在着一定的耦合关系，它们并不能拆开而独立工作。例如，只有挂载了 Rigidbody 刚体的物件才能触发主动碰撞事件，并且物理更新所依赖的 FixedUpdate 时序和 OnTriggerEnter 之类的碰撞事件是同步时序。

在强调实时交互体验的 3D 游戏中，需要一个易于扩展及调试的碰撞系统，并且希望它能与物理模拟分开独立运行。这样对于后续的开发就提供了一个稳定的底层基础。

出于轻量级的考量，将该系统的更新时序放置在 Update 中。为了实现易用的对象相交测试，使用了两种简单的物理结构：方块和球体，再通过球体的组合，可以扩展出胶囊形状或者通过方块的组合自行扩展基本的扇形等。对于重力下落等一些物理特性，可以直接修改 transform 中的属性进行模拟，而对于 OnTriggerEnter、OnTriggerExit 之类的事件触发，我们也会在这套系统中实现。对于一款 2D 横版类游戏或者场景中交互元素不多的 3D 动作游戏，这样的碰撞系统足够使用了。

3.3.2　OBB 碰撞检测简介

我们可以用方向包围盒 OBB（Oriented Bounding Box）碰撞检测算法来进行物理形状的检测，虽然它无法像 Unity 自身的碰撞那样支持 Mesh 网格等多种形状，但我们可以用其实现基本的 Box 盒状碰撞器及 Sphere 球体碰撞，并支持旋转特性。相较于 AABB 这样不支持旋转的碰撞算法，OBB 碰撞检测要灵活得多。OBB 碰撞检测算法通过对凸多边形 A 和 B 的所有轴进行投影，检测它们的点是否均发生重叠，如果是则视为碰撞，否则未产生碰撞。一般用垂直于多边形的轴去进行检测，如图 3.9 所示。

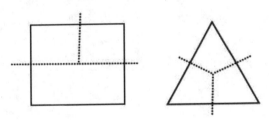

图 3.9　多边形的检测轴

凸多边形在二维空间下只需要比较每个轴即可，但到了三维空间还需要考虑面的情况，下面我们将用代码进行实现。

3.3.3　Box 与 Box 相交测试

Box 盒状碰撞之间的相交检测除了使用三条轴分别进行投影以外，还要考虑到更多的情况，我们使用 A 对象与 B 对象轴之间的叉乘来作为新的轴再次投影。Box 与 Box 进行判断一共要进行 15 次轴的相交检测。首先定义 Box 这个基础类型，代码如下：

```
public class Box : MonoBehaviour
{
```

```
    public Vector3 center;                                    //中心
    public Vector3 size;                                      //大小
    public Vector3 Extents { get { return size * 0.5f; } } //一半的大小
    public Vector3 P0 { get { return transform.TransformPoint(center + new
Vector3(-Extents.x, -Extents.y, -Extents.z)); } }            //点 0
    public Vector3 P1 { get { return transform.TransformPoint(center + new
Vector3(Extents.x, -Extents.y, -Extents.z)); } }             //点 1
    public Vector3 P2 { get { return transform.TransformPoint(center + new
Vector3(Extents.x, Extents.y, -Extents.z)); } }              //点 2
    public Vector3 P3 { get { return transform.TransformPoint(center + new
Vector3(-Extents.x, Extents.y, -Extents.z)); } }             //点 3
    public Vector3 P4 { get { return transform.TransformPoint(center + new
Vector3(-Extents.x, -Extents.y, Extents.z)); } }             //点 4
    public Vector3 P5 { get { return transform.TransformPoint(center + new
Vector3(Extents.x, -Extents.y, Extents.z)); } }              //点 5
    public Vector3 P6 { get { return transform.TransformPoint(center + new
Vector3(Extents.x, Extents.y, Extents.z)); } }               //点 6
    public Vector3 P7 { get { return transform.TransformPoint(center + new
Vector3(-Extents.x, Extents.y, Extents.z)); } }              //点 7
    //变换后的 right 方向
    public Vector3 XAxis { get { return transform.rotation * Vector3.right; } }
    //变换后的 up 方向
    public Vector3 YAxis { get { return transform.rotation * Vector3.up; } }
    //变换后的 forward 方向
    public Vector3 ZAxis { get { return transform.rotation * Vector3.forward; } }
}
```

基本上和 BoxCollider 的参数一样，但多了一些属性，分别是方块的 8 个点及方向，继续编写判断代码：

```
public class BoxVSBox_Test : MonoBehaviour
{
    public Box a, b;                                    //测试用 box
    void Start()
    {
        Debug.Log("Is Instect: " + BoxVSBox(a, b)); //打印是否相交
    }
    bool BoxVSBox(Box xBox, Box yBox)
    {
        var isNotIntersect = false;
        //xBox 的 x 轴上是否未相交
        isNotIntersect |= ProjectionIsNotIntersect(xBox, yBox, xBox.XAxis);
        //xBox 的 y 轴上是否未相交
        isNotIntersect |= ProjectionIsNotIntersect(xBox, yBox, xBox.YAxis);
        //xBox 的 z 轴上是否未相交
        isNotIntersect |= ProjectionIsNotIntersect(xBox, yBox, xBox.ZAxis);
        //yBox 的 x 轴上是否未相交
        isNotIntersect |= ProjectionIsNotIntersect(xBox, yBox, yBox.XAxis);
        //yBox 的 y 轴上是否未相交
        isNotIntersect |= ProjectionIsNotIntersect(xBox, yBox, yBox.YAxis);
        //yBox 的 z 轴上是否未相交
        isNotIntersect |= ProjectionIsNotIntersect(xBox, yBox, yBox.ZAxis);
```

```
        isNotIntersect |= ProjectionIsNotIntersect(xBox, yBox, Vector3.
Cross(xBox.XAxis, yBox.XAxis));            //叉乘轴的检测
        isNotIntersect |= ProjectionIsNotIntersect(xBox, yBox, Vector3.
Cross(xBox.XAxis, yBox.YAxis));            //叉乘轴的检测
        isNotIntersect |= ProjectionIsNotIntersect(xBox, yBox, Vector3.
Cross(xBox.XAxis, yBox.ZAxis));            //叉乘轴的检测
        isNotIntersect |= ProjectionIsNotIntersect(xBox, yBox, Vector3.
Cross(xBox.YAxis, yBox.XAxis));            //叉乘轴的检测
        isNotIntersect |= ProjectionIsNotIntersect(xBox, yBox, Vector3.
Cross(xBox.YAxis, yBox.YAxis));            //叉乘轴的检测
        isNotIntersect |= ProjectionIsNotIntersect(xBox, yBox, Vector3.
Cross(xBox.YAxis, yBox.ZAxis));            //叉乘轴的检测
        isNotIntersect |= ProjectionIsNotIntersect(xBox, yBox, Vector3.
Cross(xBox.ZAxis, yBox.XAxis));            //叉乘轴的检测
        isNotIntersect |= ProjectionIsNotIntersect(xBox, yBox, Vector3.
Cross(xBox.ZAxis, yBox.YAxis));            //叉乘轴的检测
        isNotIntersect |= ProjectionIsNotIntersect(xBox, yBox, Vector3.
Cross(xBox.ZAxis, yBox.ZAxis));            //叉乘轴的检测
        return isNotIntersect ? false : true;
    }
    //投影点是否没有相交
    bool ProjectionIsNotIntersect(Box xBox, Box yBox, Vector3 axis)
    {
        //xBox 点 0 的投影点 float 值
        var x_p0 = GetProject_Fast(xBox.P0, axis);
        //xBox 点 1 的投影点 float 值
        var x_p1 = GetProject_Fast(xBox.P1, axis);
        //xBox 点 2 的投影点 float 值
        var x_p2 = GetProject_Fast(xBox.P2, axis);
        //xBox 点 3 的投影点 float 值
        var x_p3 = GetProject_Fast(xBox.P3, axis);
        //xBox 点 4 的投影点 float 值
        var x_p4 = GetProject_Fast(xBox.P4, axis);
        //xBox 点 5 的投影点 float 值
        var x_p5 = GetProject_Fast(xBox.P5, axis);
        //xBox 点 6 的投影点 float 值
        var x_p6 = GetProject_Fast(xBox.P6, axis);
        //xBox 点 7 的投影点 float 值
        var x_p7 = GetProject_Fast(xBox.P7, axis);
        //yBox 点 0 的投影点 float 值
        var y_p0 = GetProject_Fast(yBox.P0, axis);
        //yBox 点 1 的投影点 float 值
        var y_p1 = GetProject_Fast(yBox.P1, axis);
        //yBox 点 2 的投影点 float 值
        var y_p2 = GetProject_Fast(yBox.P2, axis);
        //yBox 点 3 的投影点 float 值
        var y_p3 = GetProject_Fast(yBox.P3, axis);
        //yBox 点 4 的投影点 float 值
        var y_p4 = GetProject_Fast(yBox.P4, axis);
        //yBox 点 5 的投影点 float 值
        var y_p5 = GetProject_Fast(yBox.P5, axis);
```

```
    //yBox 点 6 的投影点 float 值
    var y_p6 = GetProject_Fast(yBox.P6, axis);
    //yBox 点 7 的投影点 float 值
    var y_p7 = GetProject_Fast(yBox.P7, axis);
    //xBox 的最小投影值
    var xMin = Mathf.Min(x_p0, Mathf.Min(x_p1, Mathf.Min(x_p2, Mathf.Min
(x_p3, Mathf.Min(x_p4, Mathf.Min(x_p5, Mathf.Min(x_p6, x_p7)))))));
    //xBox 的最大投影值
    var xMax = Mathf.Max(x_p0, Mathf.Max(x_p1, Mathf.Max(x_p2, Mathf.Max
(x_p3, Mathf.Max(x_p4, Mathf.Max(x_p5, Mathf.Max(x_p6, x_p7)))))));
    //yBox 的最小投影值
    var yMin = Mathf.Min(y_p0, Mathf.Min(y_p1, Mathf.Min(y_p2, Mathf.Min
(y_p3, Mathf.Min(y_p4, Mathf.Min(y_p5, Mathf.Min(y_p6, y_p7)))))));
    //yBox 的最大投影值
    var yMax = Mathf.Max(y_p0, Mathf.Max(y_p1, Mathf.Max(y_p2, Mathf.Max
(y_p3, Mathf.Max(y_p4, Mathf.Max(y_p5, Mathf.Max(y_p6, y_p7)))))));
    if (yMin >= xMin && yMin <= xMax) return false;
    if (yMax >= xMin && yMax <= xMax) return false;
    if (xMin >= yMin && xMin <= yMax) return false;
    if (xMax >= yMin && xMax <= yMax) return false;
    //有无交错
    return true;
    //在投影轴上的 float 值获取
    float GetProject_Fast(Vector3 point, Vector3 onNormal)
    {
        return Vector3.Dot(point, onNormal);
    }
  }
}
```

根据上一章所讲的投影内容，可以简化 Unity 自己的投影函数。对投影结果进行相交比较后，如果最后变量仍未相交则两个 Box 为非相交。

3.3.4　Box 与 Sphere 相交测试

Box 盒状碰撞与 Sphere 球体进行相交检测其计算量就少了很多，只需转到 Box 本地空间进行比较即可。先来定义一下 Sphere 结构：

```
public class Sphere : MonoBehaviour
{
    public Vector3 center;                  //中心偏移
    public float radius;                    //半径
    public Vector3 WorldCenter { get { return transform.InverseTransform
Point(center); } }                          //中心世界坐标
}
```

然后进行相交判断。首先将球体的中心点转换到 Box 的本地空间，如果中心点在 Box 外就能得到边界点位置，再用边界点位置与半径进行判断，以检测是否相交。如果中心点在 Box 内则直接为相交。

```
public class BoxVSSphere_Test : MonoBehaviour
{
    public Box a;                                      //测试用 box
    public Sphere b;                                   //测试用球体
    void Start()
    {
        Debug.Log("Is Instect: " + BoxVSSphere(a, b));   //打印是否相交
    }
    bool BoxVSSphere(Box box, Sphere sphere)
    {
        var localSpherePoint = box.transform.InverseTransformPoint
(sphere.WorldCenter);                                  //转换到 Box 本地空间
        var extents = box.Extents;
        var xMin = box.center.x + (-extents.x);        //Box 的 x 最小值
        var xMax = box.center.x + extents.x;           //Box 的 x 最大值
        var yMin = box.center.y + (-extents.y);        //Box 的 y 最小值
        var yMax = box.center.y + extents.y;           //Box 的 y 最大值
        var zMin = box.center.z + (-extents.z);        //Box 的 z 最小值
        var zMax = box.center.z + extents.z;           //Box 的 z 最大值
        var outside = false;                           //球的中心点是否在 Box 外
        if (localSpherePoint.x < xMin)                 //是否小于 x 最小值
        {
            outside = true;
            localSpherePoint.x = xMin;                 //把最小值赋予中心点
        }
        else if (localSpherePoint.x > xMax)            //是否大于 x 最大值
        {
            outside = true;
            localSpherePoint.x = xMax;                 //把最大值赋予中心点
        }
        if (localSpherePoint.y < yMin)                 //是否小于 y 最小值
        {
            outside = true;
            localSpherePoint.y = yMin;                 //把最小值赋予中心点
        }
        else if (localSpherePoint.y > yMax)            //是否大于 y 最大值
        {
            outside = true;
            localSpherePoint.y = yMax;                 //把最大值赋予中心点
        }
        if (localSpherePoint.z < zMin)                 //是否小于 z 最小值
        {
            outside = true;
            localSpherePoint.z = zMin;                 //把最小值赋予中心点
        }
        else if (localSpherePoint.z > zMax)            //是否大于 z 最大值
        {
            outside = true;
            localSpherePoint.z = zMax;                 //把最大值赋予中心点
        }
        if (outside)                                   //如果在 Box 外
```

```
        {
            var edgePoint = box.transform.TransformPoint
(localSpherePoint);                                  //转换回来就是边界点
            var distance = Vector3.Distance(sphere.WorldCenter, edgePoint);
            if (distance > sphere.radius)     //边界点到中心距离是否大于球的半径
                return false;
        }
        return true;
    }
}
```

3.3.5　Sphere 与 Sphere 相交测试

Sphere 球体与自身之间的相交检测则简单许多,只需要比较两者中心的距离是否大于两倍的半径即可。代码如下:

```
public class SphereVSSphere_Test : MonoBehaviour
{
    public Sphere a;                                      //测试用球体 a
    public Sphere b;                                      //测试用球体 b
    void Start()
    {
        Debug.Log("Is Instect: " + SphereVSSphere(a, b));   //打印是否相交
    }
    bool SphereVSSphere(Sphere aSphere, Sphere bSphere)
    {
        return Vector3.Distance(aSphere.WorldCenter, bSphere.WorldCenter)
<= (aSphere.radius + bSphere.radius);                     //距离检测相交
    }
}
```

此外,在项目中还会用到较多的胶囊形状,也可以通过球体碰撞的纵向组合去实现虚拟胶囊形状的检测。

3.3.6　不同形状的边界点获取

除了检测相交以外,还必须有边界点获取的接口,这样可以处理如角色穿墙后的挤出或者一些技能效果。

通过传入线段 AB 并返回 AB 对应的边界点信息,得到边界点,并可以应用在不同形状的碰撞器中。对于法线信息获取或通过某个外部点获取边界信息等,都可以通过本节的内容举一反三。

1. Box对象边界点获取

我们使用一种较为朴素的方式来获取 Box 的边界点,首先通过平面与线段相交的方式

得到单个面的相交点，然后计算 Box 的 6 个面并比较返回距离最近的那个边界点，而获取法线信息只需要返回 Box 中距离最近那个面的法线即可。

对于平面与线段相交，可以使用平面方程 Ax+By+Cz+D=0，先看一下实现代码：

```
//获得平面和线段 p0、p1 的相交点
Vector3? GetIntersectPoint(Vector3 planeNormal, Vector3 planePosition,
Vector3 p0, Vector3 p1)
{
    var sign1 = Mathf.Sign(Vector3.Dot(planeNormal, planePosition - p0));
    var sign2 = Mathf.Sign(Vector3.Dot(planeNormal, planePosition - p1));
    //如果线段没有经过平面就跳出
    if (Mathf.Approximately(sign1, sign2)) return null;
    var a = planeNormal.x;
    var b = planeNormal.y;
    var c = planeNormal.z;
    var d = -a * planePosition.x - b * planePosition.y - c * planePosition.z;
    var i0 = a * p0.x + b * p0.y + c * p0.z;
    var i1 = a * p1.x + b * p1.y + c * p1.z;
    var final_t = -(i1 + d) / (i0 - i1);
    var finalPoint = new Vector3()
    {
        x = p0.x * final_t + p1.x * (1 - final_t),
        y = p0.y * final_t + p1.y * (1 - final_t),
        z = p0.z * final_t + p1.z * (1 - final_t),
    };
    return finalPoint;
}
//线与平面相交检测，并追加了区域限定
Vector3? LineVSPlane(Vector3 planeNormal, Vector3 planePosition, Vector3
p0, Vector3 p1, Rect rect)
{
    var result = default(Vector3?);
    var intersectPoint_infinityPlane = GetIntersectPoint(planeNormal,
planePosition, p0, p1);                          //获得相交点
    if (intersectPoint_infinityPlane != null)
    {
        var matrix = Matrix4x4.TRS(planePosition, Quaternion.FromToRotation
(planeNormal, Vector3.forward), Vector3.one);  //构建矩阵
        var temp = matrix.inverse.MultiplyPoint(intersectPoint_
infinityPlane.Value);                    //相交点转换到平面本地空间
        if (temp.x <= rect.size.x * 0.5f && temp.x >= -rect.size.x * 0.5f
            //区域限定判断
            && temp.y <= rect.size.y * 0.5f && temp.y >= -rect.size.y * 0.5f)
        {
            result = intersectPoint_infinityPlane.Value;
        }
    }
    return result;
}
```

最后对 6 个面进行相交测试，并返回距离最近的那个相交点。为了避免代码冗余，对单个面的相交进行进一步封装，代码如下：

```
//对单个面进行进一步封装
Vector3? EdgePointTest(Vector3 normal, Vector3 planePosition, Vector3 p0,
Vector3 p1, Rect rect, ref float? distanceCache)
{
    var result = (Vector3?)null;
    var intersectPoint = LineVSPlane(normal, planePosition, p0, p1, rect);
    if (intersectPoint != null)                    //获得与平面的相交点
    {
        //本次相交点距离是否为最近的距离
        var dist = Vector3.Distance(p1, intersectPoint.Value);
        if ((distanceCache != null && dist < distanceCache.Value) ||
distanceCache == null)
        {
            //最近距离则覆盖旧的, distanceCache 为缓存的距离
            distanceCache = dist;
            result = intersectPoint;
        }
        else                                       //距离不为最近的情况
            result = null;
    }
    else                                           //没有相交点的情况
        result = null;
    return result;
}
```

以上函数进行了距离及相交的检测比较操作，接下来是最后一步操作，代码如下：

```
public Vector3 CalcBoundsPoint(Box box, Vector3 internalPoint, Vector3
outsidePoint)
{
    var local_MassPoint = box.transform.InverseTransformPoint(internalPoint);
    var local_OutsidePoint = box.transform.InverseTransformPoint(outsidePoint);
    //先转换到本地坐标空间
    var result = (Vector3?)null;
    var sizeHalf = box.size * 0.5f;                //一半的大小
    var eps = Vector2.one * 0.00001f;              //误差系数
    var distanceCache = (float?)null;              //比较的距离缓存
    var rect = new Rect(Vector2.zero, new Vector2(box.size.x, box.size.y)
+ eps);                                            //平面约束范围
    var intersectPoint = EdgePointTest(Vector3.forward, box.center +
Vector3.forward * sizeHalf.z, local_MassPoint, local_OutsidePoint, rect,
ref distanceCache);
    if (intersectPoint != null) result = intersectPoint.Value;
    //正面方向
    //平面约束范围
    rect = new Rect(Vector2.zero, new Vector2(box.size.x, box.size.y) + eps);
    intersectPoint = EdgePointTest(Vector3.back, box.center + Vector3.back
* sizeHalf.z, local_MassPoint, local_OutsidePoint, rect, ref distanceCache);
    if (intersectPoint != null) result = intersectPoint.Value;
    //背面方向
    //平面约束范围
    rect = new Rect(Vector2.zero, new Vector2(box.size.z, box.size.y) + eps);
    intersectPoint = EdgePointTest(Vector3.left, box.center + Vector3.left
```

```
* sizeHalf.x, local_MassPoint, local_OutsidePoint, rect, ref distanceCache);
    if (intersectPoint != null) result = intersectPoint.Value;
    //左侧方向
    //平面约束范围
    rect = new Rect(Vector2.zero, new Vector2(box.size.z, box.size.y) + eps);
    intersectPoint = EdgePointTest(Vector3.right, box.center + Vector3.right
* sizeHalf.x, local_MassPoint, local_OutsidePoint, rect, ref distanceCache);
    if (intersectPoint != null) result = intersectPoint.Value;
    //右侧方向
    //平面约束范围
    rect = new Rect(Vector2.zero, new Vector2(box.size.x, box.size.z) + eps);
    intersectPoint = EdgePointTest(Vector3.up, box.center + Vector3.up *
sizeHalf.y, local_MassPoint, local_OutsidePoint, rect, ref distanceCache);
    if (intersectPoint != null) result = intersectPoint.Value;
    //顶部方向
    intersectPoint = EdgePointTest(Vector3.down, box.center + Vector3.down
* sizeHalf.y, local_MassPoint, local_OutsidePoint, rect, ref distanceCache);
    if (intersectPoint != null) result = intersectPoint.Value;
    //底部方向
    //变换回世界空间
    if (result != null) return box.transform.TransformPoint(result.Value);
    //因为 6 个面必然有交点存在, 如果没有交点意味着线段某点不在 box 内
    else throw new System.Exception("两点都在 Box 外!");
}
```

这样就完成了 Box 的边界点获取, 注意边界点获取与计算线段相交不同, 在查询边界点的传入线段中, 有一点必须要在碰撞器内部才行。

2. 球体边界点获取

使用一元二次方程根的判别式求球体与线段的交点, 一般求到的结果有两个解, 我们选取离线段第二个点最近的那个点作为要返回的交点。

```
/// <summary>
/// 计算线段与球体的交点, sphereCenter 为球体中心, sphereRadius 为半径, point1、
    point2 为线段点, intersection1,2 为返回的交点
/// </summary>
bool BetweenLineAndSphere(
        Vector3 sphereCenter, float sphereRadius,
        Vector3 point1, Vector3 point2,
        out Vector3 intersection1, out Vector3 intersection2)
{
    var dx = point2.x - point1.x;
    var dy = point2.y - point1.y;
    var dz = point2.z - point1.z;                      //两点之间的相对距离
    var p1_to_sphereCenter = point1 - sphereCenter;
    var a = dx * dx + dy * dy + dz * dz;               //判别式的计算因子
    var b = 2 * (dx * p1_to_sphereCenter.x + dy * p1_to_sphereCenter.y + dz
* p1_to_sphereCenter.z);                               //判别式的计算因子
    var c = p1_to_sphereCenter.x * p1_to_sphereCenter.x + p1_to_sphereCenter.y
 * p1_to_sphereCenter.y + p1_to_sphereCenter.z * p1_to_sphereCenter.z -
```

```
sphereRadius * sphereRadius;                    //判别式的计算因子
    var determinate = b * b - 4 * a * c;        //使用判别式求得交点
    //有两个解，我们拿到后根据距离返回最近的那个交点
    var _2a = 2 * a;                            //缓存一下 2a
    var t = (-b + Mathf.Sqrt(determinate)) / _2a;  //判别式开根号部分
    intersection1 = new Vector3(point1.x + t * dx, point1.y + t * dy, point1.z
+ t * dz);                                      //交点 1
    t = (-b - Mathf.Sqrt(determinate)) / _2a;   //交点 1
    intersection2 = new Vector3(point1.x + t * dx, point1.y + t * dy, point1.z
+ t * dz);                                      //交点 2
    if (intersection1.normalized == Vector3.zero && intersection2.
normalized == Vector3.zero)
        return false;                           //没有交点的情况返回 false
    else
        return true;                            //有交点返回 true
}
```

然后通过这个相交检测函数对球体进行检测。

```
public Vector3 CalcBoundsPoint(Sphere sphere, Vector3 internalPoint,
Vector3 outsidePoint)
{
    Vector3 intersectP0, intersectP1;
    var isIntersect = BetweenLineAndSphere(sphere.center, sphere.radius,
internalPoint, outsidePoint, out intersectP0, out intersectP1);
    //进行相交计算

    if (isIntersect)                            //是否有相交点
        //返回最近的那个
        return Vector3.Distance(outsidePoint, intersectP0) < Vector3.
Distance(outsidePoint, intersectP1) ? intersectP0 : intersectP1;
    else                                        //否则返回 zero
        return Vector3.zero;
}
```

3.3.7　碰撞对象管理器

完成了一些基础功能函数的设计后，我们开始编写 Manager 管理器逻辑。除了将场景中的碰撞对象注册到管理器中之外，在更新碰撞事件时还需要考虑一些优化情况，例如对嵌套遍历进行优化、使用非主动的碰撞器等。对于每一帧中碰撞器的遍历及事件分发操作，如图 3.10 所示。

图 3.10 最左侧表示注册到管理器中的不同碰撞器，然后进行相交检测，总共产生相

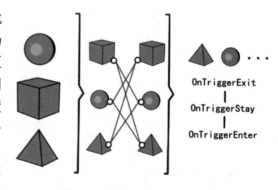

图 3.10　碰撞器遍历及事件分发

交的次数为等差数列$(1+N) \cdot N/2$，N 是碰撞器总数。最后对有相交的结果进行事件的分发处理。考虑到易用性，优先处理 Exit 碰撞事件。对于检测碰撞器相交的遍历，脚本如下：

```
//更新注册的碰撞器
void UpdateColliders(List<TestColliderObject> list)
{
    for (int x = 0, max = list.Count; x < max; x++)       //遍历碰撞器
    {
        if (mColliderList[x].isPassive) continue;
        for (int y = x + 1; y < max; y++)                  //嵌套遍历
        {
            mColliderList[x].IntersectTest(mColliderList[y]);
        }
    }
}
```

上面代码中一共使用了两层遍历来检测所有相交组合的情况，第二层遍历用 $x+1$ 跳过自身及已存在的组合。例如，图 3.10 中的 3 个对象，只需要 3 次遍历即可处理所有组合。这里的 TestColliderObject 是测试对象类型，其中的 isPassive 字段用于检测是否为消极碰撞对象，可以理解为刚体碰撞和非刚体碰撞这样一个主动与被动的关系，如主角触发机关等。

对于 OnTriggerEnter,Exit 类的事件，我们可以在每个碰撞对象中加入一个 List 字段，用于收集上次更新中进入 Enter 状态的碰撞对象，进行事件的检测与处理。

由于篇幅所限，这里不对碰撞对象管理器的具体实现进行详细讲解了，开发者可以在此思路之上将其实现及扩展来完善自己的需求。

第4章 主角系统设计

主角设计是动作游戏中不可或缺的一环，相较非同类游戏，它需要达到更高的标准，如更多的场景互动、更加细腻而丰富的动画、运用特殊能力进行剧情或解谜处理等。而这些内容又都需要程序的支撑才可完成。本节将由浅入深地讲解这些必备模块，并给出思路与方向。

4.1 基 础 要 素

在这一节中我们将实现动作游戏最基本的移动、跳跃、攻击和受击这 4 个最常见的功能。在进行讲解之前，先来看一些具有代表性的作品是怎样处理的。

4.1.1 同类游戏对比

下面列举了动作游戏中的几个基础功能，并对它们的处理方式进行总结。

- 移动：既需要支持手柄的摇杆控制，也需要支持键盘或十字键的 8 方向移动。需注意，当角色在悬崖或平台边缘时，多数游戏都有保护措施，让角色不会因超出边缘而跌落，在程序上可以通过射线判断的方式来实现。

- 跳跃：在一些欧美动作游戏，如《但丁地狱》《战神》中，这类跳跃普遍手感较重，表现为落地后会附带小幅震屏效果。与之相反，在白金的《猎天使魔女》《尼尔》等类游戏中，跳跃处理则比较飘逸，甚至在空中推摇杆都可横向移动一些距离。而对二段跳这种似乎必备的特性，也有像《忍者龙剑传Σ》这样保留常规跳跃但大幅度增加方向跳跃距离的处理。对于跳跃部分，一般将跳跃高度设为 1.5 个身位，将跳跃长度设为 3~4 个身长左右即可。

- 攻击：受不同武器的影响，攻击速度或快或慢，攻击距离也可近可远。但对于主武器的攻击频率，玩家的接受区间一般在 0.3~0.7 秒左右。无论持轻型还是重型武器攻击，都要将其纳入考虑范围内再进行设计。在攻击中会有方向矫正的处理，这一点在《DMC 鬼泣》中尤为明显。一般矫正幅度设计为 45°左右，矫正会自动将角色面向调整至当前攻击怪物的方向。

- 受击：受击处理可分为空中或地面受击，一般在角色受击后会强制面向被受击的方向。但若做出了带有不同方向受击效果的混合动画，为了写实性的表现也可不做转向逻辑。对于空中受击的处理，一般可播放角色被击落的动画并在落下后摆 pose 起身；也有较粗糙的做法，即直接播放角色战立状态的受击下落动画。

4.1.2　逻辑编写前的准备工作

参考上一节列举的同类游戏的不同处理方法对比，接下来对前面列举的 4 个基础功能进行实现。在开始之前可以去资源商店下载官方的 Standard Assets（标准资源包），如图 4.1 所示。后面会用这个资源包中的 Ethan 角色进行测试逻辑的编写。

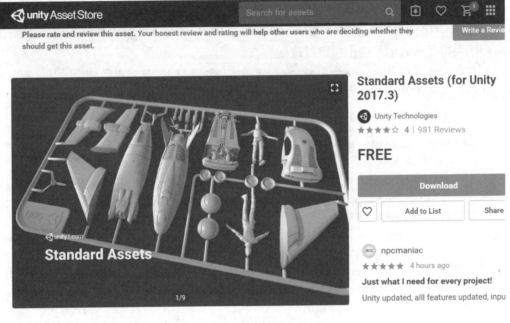

图 4.1　资源商店下载标准资源

若无法连接资源商店，也可通过 Unity 官网的安装包进行安装，在安装时勾选 Standard Assets 选项即可。

4.1.3　移动逻辑

多数 Unity 开发的游戏在移动处理上可直接使用角色控制器，但为了兼顾上一节所说的自定义物理系统，这里将采用刚体碰撞器重新来实现。

　　非角色控制器的移动稍稍有些复杂，一共要经过 5 个步骤，如图 4.2 所示。

　　首先需拿到输入部分的数据并转换为向量，对于输入信息，建议从自行封装的输入模块中获取，可以在输入模块中集成多手柄同键位适配及改键等功能，而 Unity 自带的 InputManager 则较为简陋。这里以 InputManager 为例，获取脚本如下：

```
//横向轴的值
var horizontal = Input.GetAxis("Horizontal");
//纵向轴的值
var vertical = Input.GetAxis("Vertical");
var inputDirection = new Vector3(horizontal, 0f,
vertical);                         //输入向量
```

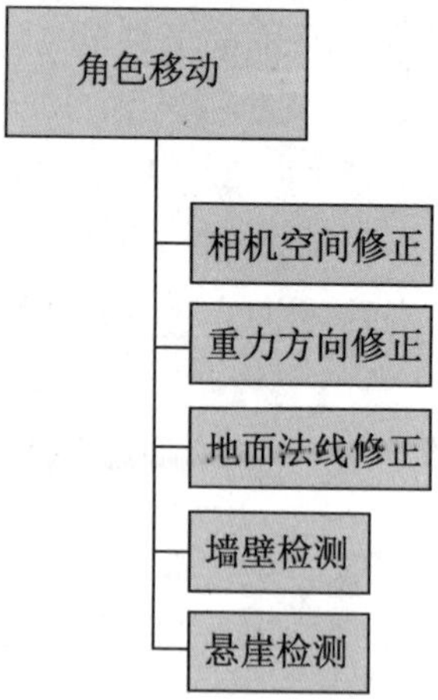

图 4.2　角色移动的处理步骤

通过 GetAxis 和 GetButton 等接口我们可以拿到 Unity 的 InputManager 中配置好的信息，这类信息带有简单的手柄键盘适配等。

　　在拿到输入信息并转换为向量之后，我们需要映射到当前相机的朝向上，这样移动方向才会与当前屏幕方向匹配。但在此之前要对相机进行重力方向修正，如图 4.2 所示，使角色支持在不同重力环境下移动。向量转换的脚本如下：

```
Vector3 CameraDirectionProcess(Vector3 inputDirection)
{
    var mainCamera = Camera.main;                //获取主相机，具体使用请缓存该值
    var upAxis = -Physics.gravity.normalized;  //up 轴向
    //不同重力的 up 轴修正
    var quat = Quaternion.FromToRotation(mainCamera.transform.up, upAxis);
    //转换 forward 方向
    var cameraForwardDirection = quat * mainCamera.transform.forward;
    var moveDirection = Quaternion.LookRotation(cameraForwardDirection,
upAxis) * inputDirection.normalized;          //转换输入向量方向
    return moveDirection;
}
```

　　在移动方向上的修正处理算是结束了。使用非固定垂直方向的好处是可以支持不同重力，如图 4.3 所示。

🔊注意：也可以使用 Vector3.up 作为垂直方向，这样在处理一些问题时会变得更方便，具体采用哪一种方法还需要依据项目需求而定。

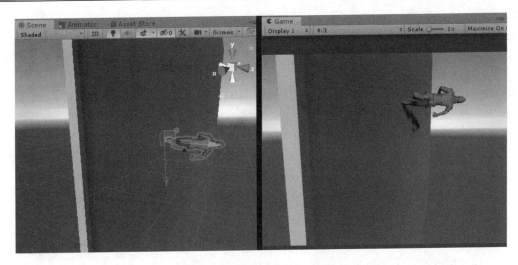

图 4.3 不同重力下的角色移动

在下一步操作开始之前，先把基本的类创建好并建立所需的成员变量。

```
public class TestMove : MonoBehaviour
{
    public Animator animator;
    public Rigidbody selfRigidbody;              //自身刚体组件
    public float speed = 17f;                    //移动速度
    public float rotSpeed = 17f;                 //旋转速度
    public Transform[] groundPoints;             //地面检测点
    public LayerMask groundLayerMask = ~0;       //地面 LayerMask
    public LayerMask wallLayerMask = ~0;         //墙壁 LayerMask
    Ray[] mWallCacheRayArray;                    //墙壁缓存射线数组
    int mIsMoveAnimatorHash;                     //移动 Animator 变量哈希
    void Start()
    {
        mIsMoveAnimatorHash = Animator.StringToHash("IsMove");
    }
}
```

这里对 Ethan 的动画控制器进行了简化，只有一个 IsMove 布尔变量控制其移动属性，并且不会用到根运动特性。

下一步是地面的处理，根据地面法线方向来修正移动位置，假设角色在斜面上移动，那么移动方向会被重新投影在斜面上。

```
bool GroundProcess(ref RaycastHit raycastHit, ref Vector3 moveDirection,
out Vector3 groundNormal, Vector3 upAxis)
{
    var result = false;
    for (int i = 0; i < groundPoints.Length; i++)
    {
        var tempRaycastHit = default(RaycastHit);
        if (Physics.Raycast(new Ray(groundPoints[i].position, -upAxis), out
```

```
tempRaycastHit, 1f, groundLayerMask))              //投射地面射线
        {
            if (raycastHit.transform == null || Vector3.Distance(transform.
position, tempRaycastHit.point) < Vector3.Distance(transform.position,
raycastHit.point))
                raycastHit = tempRaycastHit;        //选取最近的地面点
            result = true;
            break;
        }
    }
    groundNormal = raycastHit.normal;               //返回地面法线
    var upQuat = Quaternion.FromToRotation(upAxis, groundNormal);
    moveDirection = upQuat * moveDirection;          //根据地面法线修正移动位置
    return result;
}
```

根据之前章节所讲的内容，地面检测使用了多个检测点来完成。对前面方向进行修正后，一些在坡度地形上的移动才不会出现问题。

下面加入墙壁的检测处理。墙壁检测需要处理角色斜对着墙壁的情况，以及返回角色是否碰到墙壁的提示。对于这部分的操作相比用角色控制器会多几步。

```
bool WallProcess(ref RaycastHit raycastHit, ref Vector3 moveDirection,
Vector3 groundNormal, Vector3 upAxis)
{
    const float HEIGHT = 1.2f;                       //玩家高度估算值
    const float OBLIQUE_P0 = 0.3f, OBLIQUE_P1 = 0.6f;  //斜方向射线偏移
    const float RAYCAST_LEN = 0.37f;                 //射线长度
    const float DOT_RANGE = 0.86f;                   //点乘范围约束
    const float ANGLE_STEP = 30f;                    //检测角度间距
    var result = false;
    var ray = new Ray(transform.position + upAxis * HEIGHT, moveDirection);
    //180°内每隔一定角度进行射线检测
    for (float angle = -90f; angle <= 90f; angle += ANGLE_STEP)
    {
        var quat = Quaternion.AngleAxis(angle, upAxis); //得到当前角度
        ray = new Ray(transform.position, quat * moveDirection);
        var p0 = ray.origin + ray.direction * OBLIQUE_P0;
        var p1 = ray.origin + upAxis * HEIGHT + ray.direction * OBLIQUE_P1;
        //是否碰到墙壁
        if (Physics.Linecast(p0, p1, out raycastHit, wallLayerMask))
        {
            var newRay = new Ray(Vector3.Project(raycastHit.point, upAxis)
+ Vector3.ProjectOnPlane(ray.origin, upAxis), ray.direction);
            if (Physics.Raycast(newRay, out raycastHit, RAYCAST_LEN,
wallLayerMask))                                      //重新得到射线位置并投射
            {
                //点乘约束
                if (Vector3.Dot(moveDirection, -raycastHit.normal) < DOT_RANGE)
                {
                    var cross = Vector3.Cross(raycastHit.normal, upAxis).normalized;
                    var cross2 = -cross;
                    if (Vector3.Dot(cross, moveDirection) > Vector3.Dot
```

```
(cross2, moveDirection))                        //获得最接近方向
                        moveDirection = cross;
                    else
                        moveDirection = cross2;
                    break;                      //若已确定修正方向则跳出循环
                }
            }
            result = true;                      //确定碰到了墙壁
        }
    }
    return result;
}
```

首先以角色面向方向的 180° 范围以一定间距投射射线，以检测周围碰到的墙壁。这里需要把纵向上下空间的墙壁纳入考虑范围，所以将这个射线投射改为纵向斜线以增加检测范围，纵向射线检测到投射点之后再以这个点的高度再次投射射线以得到准确结果。

当墙壁处理完成之后，还需要对悬崖进行检测，这一步是在未检测到墙壁的情况下执行，代码如下：

```
bool CliffProcess(ref RaycastHit raycastHit, ref Vector3 moveDirection,
Vector3 groundNormal, Vector3 upAxis)
{
    const float GROUND_RAYCAST_LENGTH = 0.4f;        //地面检测射线长度
    var result = false;
    for (int i = 0; i < groundPoints.Length; i++)    //遍历地面检测点
    {
        //取相对位置
        var relative = groundPoints[i].position - transform.position;
        //映射到地面法线方向四元数
        var quat = Quaternion.FromToRotation(upAxis, groundNormal);
        var newPoint = transform.position + moveDirection + quat * relative;
        var ray = new Ray(newPoint, -upAxis);        //取移动后的位置投射射线
        if (!Physics.Raycast(ray, out raycastHit, GROUND_RAYCAST_LENGTH,
groundLayerMask))                                    //只要有一个未检测到地面则为悬崖
        {
            result = true;                           //返回 true
            break;
        }
    }
    return result;
}
```

当悬崖的判断逻辑结束后，我们就可以给目标移动位置赋值了。

```
selfRigidbody.velocity = moveDirection * speed * Time.fixedDeltaTime;
```

这里可使用 fixerdDeltaTime，因为物理更新是在 FixedUpdate 时序上，然后还需更新一下旋转逻辑，进行一次 up 轴上的平面投影，最后更新旋转插值即可。

```
void RotateProcess(Vector3 moveDirection, Vector3 upAxis)
{
    //投影到 up 平面上
```

```
    moveDirection = Vector3.ProjectOnPlane(moveDirection, upAxis);
    //得到移动方向代表的旋转
    var playerLookAtQuat = Quaternion.LookRotation(moveDirection, upAxis);
    transform.rotation = Quaternion.Lerp(transform.rotation, playerLookAtQuat,
rotSpeed * Time.deltaTime);                           //更新插值
}
```

对于地面检测点，为防止每次都是一样的顺序，需要在遍历后进行打乱操作。

```
void UpdateGroundDetectPoints()
{
    //随机一个索引
    var groupPointsIndex_n = Random.Range(0, groundPoints.Length);
    var temp = groundPoints[groupPointsIndex_n];
    groundPoints[groupPointsIndex_n] = groundPoints[groundPoints.Length - 1];
    //交换地面检测点，防止每次顺序都一样
    groundPoints[groundPoints.Length - 1] = temp;
}
```

结合上面封装的函数，将整体代码梳理一遍，具体如下：

```
void Update()
{
    const float INPUT_EPS = 0.2f;
    var horizontal = Input.GetAxis("Horizontal");          //横向轴的值
    var vertical = Input.GetAxis("Vertical");              //纵向轴的值
    var inputDirection = new Vector3(horizontal, 0f, vertical);//输入向量
    var upAxis = -Physics.gravity.normalized;              //up 轴向
    //修正相机输入方向
    var moveDirection = CameraDirectionProcess(inputDirection, upAxis);
    if (inputDirection.magnitude > INPUT_EPS)              //是否有输入方向
    {
        var raycastHit = default(RaycastHit);
        var groundNormal = Vector3.zero;
        var groundedFlag = GroundProcess(ref raycastHit, ref moveDirection,
out groundNormal, upAxis);                                 //地面检测
        if (groundedFlag)
        {
            var cacheMoveDirection = moveDirection;
            var wallFlag = WallProcess(ref raycastHit, ref moveDirection,
groundNormal, upAxis);                                     //墙壁检测
            var cliffFlag = false;
            if (!wallFlag)
                cliffFlag = CliffProcess(ref raycastHit, ref moveDirection,
upAxis);                                                   //悬崖检测
            if (!cliffFlag)
                selfRigidbody.velocity = moveDirection * speed * Time.
fixedDeltaTime;                                           //更新位置
            UpdateGroundDetectPoints();                   //打乱地面检测点顺序
            RotateProcess(cacheMoveDirection, upAxis);    //更新旋转
        }
        animator.SetBool(mIsMoveAnimatorHash, true);      //更新 Animator 变量
    }
```

```
    else                                          //没有移动
    {
        animator.SetBool(mIsMoveAnimatorHash, false);    //更新 Animator 变量
    }
}
```

最后，将场景中所有地面碰撞器的动态与静态摩擦力设为 1，将墙壁摩擦力保持默认值，并将角色碰撞器的静态与动态摩擦力设置为 0，这样角色将不会受到持续速率下降的影响。给角色挂载 TestMove.cs 脚本后再适当调节相关参数即可。

4.1.4 跳跃逻辑

对于跳跃，需要处理向前跳跃与直接跳跃两种情况，同样也需要地面的检测信息，所以这里的代码示例一部分将摘自移动逻辑部分的代码。实际上跳跃的实现方式非常多，也可通过根运动实现，读者也可以参阅 GDC Vault 网站上的一些相关文章。这里的实现只作为参考。

先将向前的力与向上的力分别交给不同的曲线控制，跳跃的具体执行将由协程更新。和之前一样先看一下声明部分的代码：

```
public class TestJump : MonoBehaviour
{
    public Animator animator;                      //自身动画组件
    public Rigidbody selfRigidbody;                //自身刚体组件
    public TestMove testMove;                       //之前的移动脚本
    public Transform[] groundPoints;                //地面检测点
    public LayerMask groundLayerMask = ~0;          //地面 LayerMask
    public Vector4 arg;              //x 时间, y 重力系数, z 方向力系数, w 偏移
    public AnimationCurve riseCurve = new AnimationCurve(new Keyframe[]
{ new Keyframe(0f, 0f), new Keyframe(0.5f, 1f), new Keyframe(1f, 0f) });
    public AnimationCurve directionJumpCurve = new AnimationCurve(new
Keyframe[] { new Keyframe(0f, 0f), new Keyframe(0.5f, 1f), new Keyframe(1f,
0f) });
    int mIsJumpAnimatorHash;                        //移动 Animator 变量哈希
    float mGroundedDelay;                           //延迟检测变量
    bool mIsGrounded;                               //是否正在地面上
    Coroutine mJumpCoroutine;                       //跳跃协程
    void Start()
    {
        mIsJumpAnimatorHash = Animator.StringToHash("IsJump");
    }
}
```

受地面检测射线长度及物理更新频率的限制，检测角色是否处在地面上的变量未必会及时更新，因此这里做了延迟 2 帧的处理。也可以用别的做法，例如，缩短地面检测射线的长度，并在余下几帧逐渐恢复等。而动画状态机的驱动同样需要进行简化处理，通过布

尔变量 IsJump 去更新角色的跳跃状态。

接下来是角色跳跃的协程逻辑。代码如下：

```
IEnumerator JumpCoroutine(Vector3 moveDirection, Vector3 upAxis)
{
    mGroundedDelay = Time.maximumDeltaTime * 2f;            //两帧延迟
    selfRigidbody.useGravity = false;                       //暂时关闭重力
    var t = arg.w;                                          //时间插值
    do
    {
        var t_riseCurve = riseCurve.Evaluate(t);           //上升力曲线采样
        //方向力曲线采样
        var t_directionJump = directionJumpCurve.Evaluate(t);
        var gravity = Vector3.Lerp(-upAxis, upAxis, t_riseCurve) * arg.y;
        var forward = Vector3.Lerp(moveDirection * arg.z * Time.fixedDeltaTime,
Vector3.zero, t_directionJump);
        //获得方向并乘以系数
        selfRigidbody.velocity = gravity + forward;        //更新速率
        t = Mathf.Clamp01(t + Time.deltaTime * arg.x);     //更新插值
        yield return null;
    } while (!mIsGrounded);
    selfRigidbody.useGravity = true;                        //恢复重力
}
```

然后需要在角色跳跃的过程当中关闭重力，若重力开启将会影响曲线对重力控制的表现。接下来在 Update 函数中组合一下逻辑，具体代码如下：

```
void Update()
{
    var upAxis = -Physics.gravity.normalized;               //up 轴向
    var raycastHit = default(RaycastHit);
    //其实现与 MoveTest 一样，但去掉了法线返回
    mIsGrounded = GroundProcess(ref raycastHit, upAxis);
    if (mGroundedDelay > 0f) mIsGrounded = false;          //延迟处理修正
    if (mIsGrounded && mJumpCoroutine != null)             //跳跃打断处理
    {
        StopCoroutine(mJumpCoroutine);
        selfRigidbody.useGravity = true;
        mJumpCoroutine = null;
    }
    const string JUMP_STR = "Jump";
    if (Input.GetButtonDown(JUMP_STR) && mJumpCoroutine == null && mIsGrounded)
    {//执行跳跃
        mJumpCoroutine = StartCoroutine(JumpCoroutine(testMove.MoveDirection,
upAxis));
        animator.SetBool(mIsJumpAnimatorHash, true);
    }
    else
    {//落地状态逻辑
        if (mIsGrounded)
            animator.SetBool(mIsJumpAnimatorHash, false);
    }
```

```
    mGroundedDelay -= Time.deltaTime;        //延迟变量更新
    UpdateGroundDetectPoints();              //更新地面点
}
```

地面检测的更新函数与之前移动中的一致，而创建跳跃协程产生的 GC 分配，可考虑用一些协程库插件去解决，并且需要将地面动态与静态摩擦力设置为 1，然后将角色的动态与静态摩擦力设置为 0，并让墙壁的摩擦力保持默认设置，这样在角色跳跃中碰到墙壁后才会自然下落。至此，角色跳跃功能的示范就完成了。

总的来说，角色跳跃部分的难点不在于程序逻辑，而在于与角色整体手感的匹配，包括角色跳跃时间、高度和距离等细节的调整。

4.1.5　攻击逻辑

一个好的操作手感对于战斗非常重要，玩家会根据当前动画状态来确定下一步输入，若手感混乱则会对玩家造成不适。通常，格斗游戏会有一套帧数表供玩家参考，虽然我们不一定要像格斗游戏那样制作帧数表，但也可以依据动画剪辑进行简单地拆分。

首先根据剪辑内容将动画范围分为输入帧与混合帧部分，若输入帧内没有输入正确指令则不会完成连续技的跳转，当动画到了混合帧后就开始下一个剪辑的混合，并且在混合帧上是不能放置动画事件的，如图 4.4 所示，中间部分为输入帧，末尾为混合帧。

图 4.4　输入帧与混合帧

Unity 的 Mecanim 动画系统并不能很好地实现这个机制，读者可以借助 Playable 或者直接获取动画片段等方式进行扩展。

下面的脚本部分将示范攻击范围矫正及攻击对象的创建等。首先需要建立一个类 Attacker，它附带了各种各样的攻击信息，一般挂载于预制体（Prefab）上，并最终绑定在碰撞器上随技能、普攻中的动画事件触发。

```csharp
public class Attacker : MonoBehaviour
{
    public GameObject owner;                  //当前攻击的拥有者
    public string targetTag;                  //阵营或其他信息的标签区分
    public float hitRecoverTime;              //僵直持续时间
    public float timeFreeze;                  //顿帧持续时间
    public float damage;                      //伤害值
    void OnTriggerEnter(Collider other)
    {
        if (!other.CompareTag(targetTag)) return;
        other.SendMessage("OnHit", this);     //简单的触发示范
    }
}
```

然后处理主角的攻击逻辑，首先是一些变量定义的初始化：

```csharp
public class TestAttack : MonoBehaviour
{
    const int OVERLAPSPHERE_CACHE_COUNT = 10;    //缓存数组常量长度
    public Animator animator;
    public LayerMask characterLayerMask;         //LayerMask 过滤信息
    public string enemyTag;                      //敌人标签
    Collider[] mCacheColliderArray;              //用于投射的缓存数组
    int mIsAttackAnimatorHash;                   //攻击 Animator 变量哈希
    void Start()
    {
        //初始化 Animator 哈希
        mIsAttackAnimatorHash = Animator.StringToHash("IsAttack");
        //初始化缓存数组
        mCacheColliderArray = new Collider[OVERLAPSPHERE_CACHE_COUNT];
    }
```

缓存数组是因为后面会做攻击方向矫正，其他用到的变量和前面类似。我们来看一下攻击方向矫正的代码：

```csharp
Transform GetClosestEnemy(float radius, float dotLimit)
{
    var count = Physics.OverlapSphereNonAlloc(transform.position, radius,
mCacheColliderArray, characterLayerMask);        //返回半径范围内的碰撞器
    var maxDotValue = 1f;
    var maxDotTransform = default(Transform);
    for (int i = 0; i < count; i++)                  //变量所覆盖的碰撞器
    {
        var characterCollider = mCacheColliderArray[i];
        //如果是自己跳过
        if (characterCollider.transform == transform) continue;
        if (characterCollider.CompareTag(enemyTag)) //确保标签一致
        {
            var dot = Vector3.Dot((characterCollider.transform.position -
transform.position).normalized, transform.forward);
            if (dot > dotLimit && dot > maxDotValue) //取最大点乘结果的敌人
            {
                maxDotValue = dot;
                maxDotTransform = characterCollider.transform;
```

```
            }
        }
    }
    return maxDotTransform;                    //返回最接近的那个敌人
}
```

其中，第一个参数是半径，第二个参数是点乘约束值。调用 GetClosestEnemy 函数后会通过 Layer 与标签过滤得到需要矫正的敌人并返回，最后在 Update 中将其整合。

```
void Update()
{
    if (Input.GetButtonDown("Fire1"))          //触发攻击
    {
        const float ENEMY_FIX_RADIUS = 1f;
        const float DOT_LIMIT = 0.7f;
        var closestEnemy = GetClosestEnemy(ENEMY_FIX_RADIUS, DOT_LIMIT);
        if (closestEnemy != null)              //获得矫正敌人
        {
            var dir = closestEnemy.position - transform.position;
            dir = Vector3.ProjectOnPlane(dir, -Physics.gravity.normalized);
            transform.forward = dir;           //方向矫正处理
        }
        animator.SetTrigger(mIsAttackAnimatorHash);
        //这里进行了简化处理，实际上还需要进入连续技部分进行更多的处理
    }
}
```

由动画触发动画事件再触发挂载 Attacker 的预制体，即可产生攻击判定并使敌人遭受伤害。

4.1.6　受击逻辑

受击处理是一个非常能体现打击感的部分，受击的动画一般分为三个处理部分，即"受击前—受击—受击结束"。但这样常规的剪辑动画并不能满足动作游戏快节奏的需要，所以动画会被拆解成只有"受击—受击结束"两部分来处理，如图 4.5 所示。

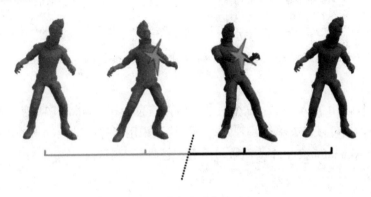

图 4.5　受击动画裁剪示意

另外，受击中还需考虑僵直及顿帧处理，具体先看代码：

```
public class TestHit : MonoBehaviour
{
    const float TIME_FREEZE_SPEED = 0.1f;    //顿帧速度
    int mIsHitAnimatorHash;                    //受击 Animator 变量哈希
    int mTimeFreezeMultipleAnimatorHash;       //时间冻结 Animator 变量哈希
    float mHitRecoverTimer;                    //存放僵直时间信息
    float mTimeFreezeTimer;                    //存放顿帧时间信息
    public Animator animator;
    public float Hp { get; private set; }    //此处需要做 些事件处理
    //是否处于僵直状态
    public bool HitStop { get { return mHitRecoverTimer > 0; } }
    void Start()
    {
        mIsHitAnimatorHash = Animator.StringToHash("IsHit");
        mTimeFreezeMultipleAnimatorHash = Animator.StringToHash
("HitSpeedMultiple");
    }                                          //缓存 Animator 哈希
    void Update()
    {
        if (mHitRecoverTimer > 0)              //简易的僵直度反馈
            animator.SetBool(mIsHitAnimatorHash, true);
        else
            animator.SetBool(mIsHitAnimatorHash, false);
        //僵直恢复
        mHitRecoverTimer = Mathf.Max(0f, mHitRecoverTimer - Time.deltaTime);
        if (mTimeFreezeTimer > 0)              //简单的顿帧处理
            animator.SetFloat(mTimeFreezeMultipleAnimatorHash, TIME_FREEZE_
SPEED);
        else
            animator.SetFloat(mTimeFreezeMultipleAnimatorHash, 1f);
        //僵直恢复
        mTimeFreezeTimer = Mathf.Max(0f, mTimeFreezeTimer - Time.deltaTime);
    }
    void OnHit(Attacker attacker)
    {
        Hp -= attacker.damage;                 //扣 HP（生命值）处理
        //更新僵直时间
        mHitRecoverTimer = Mathf.Max(mHitRecoverTimer, attacker.hitRecoverTime);
        //更新顿帧时间
        mTimeFreezeTimer = Mathf.Max(mTimeFreezeTimer, attacker.timeFreeze);
    }
}
```

和攻击一样，用了 Attacker 这个对象，僵直信息会在 Update 中更新，顿帧可以直接停顿全局时间，也可以停顿单个物理的动画。这里采用了停顿动画的方式，首先将受击动画绑定了一个 Animator 变量作为系数，然后在顿帧触发后进行更新。

4.1.7　应对脚本类爆炸的问题

在游戏开发中，玩家模块的各项功能在开发的中后期是相当多的，大量的函数交织在一起容易造成"类爆炸"问题，若不能处理好，则会成为开发中的阻碍。

所以需要用一些方法将不同的功能进行拆分。除了《设计模式》一书中推崇的措施以外，这里还推荐两种更为常用的办法。

1. 使用C#的部分类定义进行拆解

我们可以使用 partial 部分类定义关键字，这可以使类定义多次，从而增添内容。partial 关键字一般加在 class 之前：

```
public partial class Player : MonoBehaviour
{
}
```

这样划分后，不同功能可以放置在不同的文件中，如图 4.6 所示。

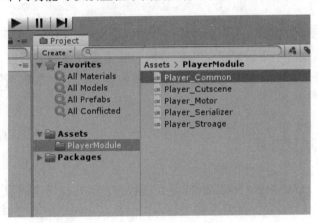

图 4.6　使用部分类定义拆分功能

但这么做的缺点是由于类过于分散，若命名不够清晰的话则会对 bug 筛查、后续扩展造成困难。

2. 使用有限状态机应对不同变化

有一种更清晰的做法是使用组合的形式将功能封装到不同的类中，将玩家模块的扩展部分视为有限状态机（FSM）的各种状态，并随需求进行扩展。这里给出一幅配图供读者参考，如图 4.7 所示。

以上所讲的两种做法中，以第一种较为常见，但这两种方法都只是参考，具体使用情形还需要根据项目状况及开发者自己的情况而定。

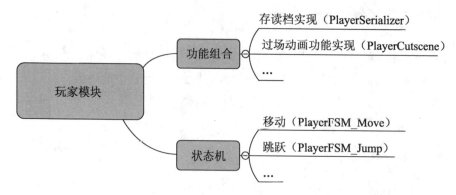

图 4.7　使用组合与有限状态机拆分功能

4.2　常规功能

本节将讲解在动作游戏中主角必备的一些功能的实现，如不同武器的切换、状态机的组织、连续技的实现等。通过这些功能的讲解，除了带领读者温习已掌握的知识点外，还可以从中学到新的知识，相信读者学习完本节内容后，会对基础功能的理解有进一步的提升。

4.2.1　角色有限状态机

有限状态机（Finite-State Machine）是处理状态之间互相转换的数学模型，在游戏开发中经常会用到，并且经过了简化。对于状态机的具体代码实现这里不多做介绍，读者可自行查阅相关资料。有限状态机示意图，如图 4.8 所示。

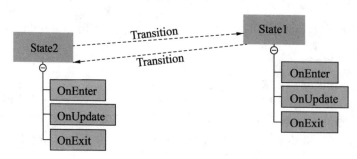

图 4.8　有限状态机示意图

　　有几个概念需要注意，状态和状态之间可通过传递（Transition）进行切换，每一个状态可以自由配置它的传递（Transition）信息。例如，"跳跃（Jump）"状态无法切换到"动画演出（Cutscene）"的状态。当前状态的更新由 OnUpdate 控制，一些对应行为的处理可以放在这里进行。

　　对于动作游戏的角色，一般划分为以下几种状态：

- 待机（Idle）
- 奔跑（Run）
- 跳跃（Jump）
- 冻结（Freeze）
- 释放技能（CastSkill）
- 场景交互（SceneInteraction）

　　冻结状态包含过场动画或游戏暂停，释放技能的状态包含了普攻、重攻击等非技能操作，场景交互则包含载具互动或解谜互动等。例如，场景互动中突然触发 QTE，可以解释为过场动画。它们的传递关系用二维表表示，见表 4.1 所示。其中，Y 为允许状态传递。

表 4.1　角色状态间的传递关系

状　　态	待　　机	奔　　跑	跳　　跃	冻　　结	释 放 技 能	场 景 交 互
待机		Y	Y	Y	Y	Y
奔跑	Y		Y	Y	Y	Y
跳跃	Y			Y	Y	
冻结	Y					
释放技能	Y			Y		
场景交互	Y			Y		

　　使用上述这几种状态作为状态机模板可以应用于大部分场合，对于角色有飞行或特殊能力的，可以在此基础之上进行状态扩充。

4.2.2　设计挂接点接口

　　在动作游戏中不可避免地会遇到武器切换的情形，在处理一些如枪械之类的武器时需要准确获取枪口位置，或刀柄、刀身位置。对于这样的需求，我们通过封装一个存储虚拟位置（DummyPoint）的类来解决。

```
public class DummyPointCache : MonoBehaviour
{
    [Serializable]
    public class Cache                              //缓存结构
    {
```

```
        public string name;
        public GameObject gameObject;
    }
    [SerializeField]
    Cache[] cacheArray;                          //缓存数组，编辑器下配置
    public GameObject SearchByName(string name)  //外部查找接口
    {
        for (int i = 0; i < cacheArray.Length; i++)
        {
            var item = cacheArray[i];
            if (item.name == name)               //遍历并比较名称
                return item.gameObject;          //返回对应对象
        }
        return null;//若未找到返回空
    }
}
```

DummyPointCache 类负责缓存角色层级中的一些对象引用，并通过字符串进行匹配。这样当技能特效或伤害信息的预制体创建后，通过该类就可以快速拿到对应物件了。

4.2.3　技能系统

事实上技能系统和 buff（增益效果）、物品这些模块存在着不少的共用逻辑，但为了便于后期扩展，建议还是将它们分开。

不同的技能可以设计为技能模板，当角色释放时会通过模板 ID 将它实例化，这个实例技能类可以是一个挂载的 MonoBehaviour 组件或者是通过上下文传入的独立对象。

技能系统设计时还需要关注共用问题，如果一个技能，玩家和敌人都可以使用，那么是否需要设计更为严谨的上下文接口呢？但在动作游戏中真正需要共用技能的情况并不多见，因此需要开发者酌情考虑。

首先是技能上下文的设计，一般会考虑把触发该技能的按键对象传入上下文中，以获得长按等信息。出于测试示范，这里只存放技能释放者的 GameObject。

```
public struct SkillContext
{
    public GameObject GameObject { get; set; }      //技能释放者引用
}
```

技能接口的设计需要考虑给模板类预留回调函数，并且考虑外部访问，所以将其设计为两部分。

```
public interface ISkillBase
{
    int ID { get; }                                 //技能 ID
    void SerializeRecovery(SkillContext skillContext); //序列化恢复
}
public interface ISkill : ISkillBase
{
```

```
    void OnTemplateRegist();                        //模板注册回调
    void OnTemplateUnregist();                      //模板反注册回调
    ISkillBase Instantiate(SkillContext skillContext); //技能对象实例化
}
```

最后在 **SkillManager** 中将其整合。

```
public class SkillManager : MonoBehaviour
{
    static bool mIsDestroying;
    static SkillManager mInstance;                  //单例对象
    public static SkillManager Instance
    {
        get
        {
            if (mIsDestroying) return null;
            if (mInstance == null)
            {
                mInstance = new GameObject("[SkillManager]").AddComponent
<SkillManager>();
                DontDestroyOnLoad(mInstance.gameObject);
            }
            return mInstance;
        }
    }
    Dictionary<int, ISkill> mSkillTemplateDict;     //技能模板字典
    void Awake()
    {
        mSkillTemplateDict = new Dictionary<int, ISkill>(10);
    }
    void OnDestroy()
    {
        mIsDestroying = true;                        //单例处理
    }
    public void RegistToTemplate(ISkill skill)      //模板注册
    {
        mSkillTemplateDict.Add(skill.ID, skill);
    }
    public bool UnregistFromTemplate(int skillID)   //模板反注册
    {
        return mSkillTemplateDict.Remove(skillID);
    }
    //技能实例化
    public ISkillBase InstantiateSkill(int skillID, SkillContext skillContext)
    {
        return mSkillTemplateDict[skillID].Instantiate(skillContext);
    }
}
```

4.2.4　连续技功能

连续技（Combo）在程序上主要实现的是对按键的监听处理。我们可以将它作为一个

工具类去设计，这样在一些派生技的技能中，这个工具可以再被用于组合监听后续的输入。

　　一般来说，动作游戏的输入监听相比格斗游戏会更为宽泛，具体的输入监听范围会延长到这一招的开始到动画结束。

　　常见的输入监听类别如下：

- 多按键同时输入：如 X、Y 按键同时按下这类监听。
- 间隔长按：以《鬼泣》系列为代表，在连续技中某键长按一小会儿。
- 分支派生：XXY 按键或者 XY 按键这类分支判断指令。

　　下面会提供一个较为简单的连续技检测函数，它运行在协程中，支持上述的前两种类别，对于分支派生指令的检测，则可通过在协程中自行组合来实现。

　　首先定义基本的 ComboCmd 类，它代表单个连续技指令，并包含单个指令的输入检测更新和重置。

```csharp
const sbyte COUNTDOWN_INVALID = -1;             //无效倒计时
const sbyte STATE_SUCCESS = 1;                  //成功 ID
const sbyte STATE_FAILURE = -1;                 //失败 ID
const sbyte STATE_WAIT = 0;                     //等待 ID
public struct ComboCmd
{
    float mLimitTime_Timer;                     //限制时间倒计时
    float mHoldTime_Timer;                      //长按时间倒计时
    public float LimitTime { get; set; }        //限制时间
    public float HoldTime { get; set; }         //长按时间
    //检测条件（鼠标、键盘、手柄按下等）
    public Func<bool> Conditional { get; set; }
    public Func<float> DeltaTime { get; set; }  //两帧时间差
    public ComboCmd Reset()                     //重置
    {
        mLimitTime_Timer = LimitTime;
        mHoldTime_Timer = HoldTime;
        return this;
    }
    public ComboCmd Tick(out sbyte state)       //每一次更新
    {
        state = STATE_WAIT;
        if (Conditional())                      //监测条件是否成立
        {
            if (mHoldTime_Timer > 0)            //是否为长按
                mHoldTime_Timer -= DeltaTime();
            else                                //不是长按且条件进入则命令完成
                state = STATE_SUCCESS;
        }
        //更新限制时间
        if (state != STATE_SUCCESS && mLimitTime_Timer > COUNTDOWN_INVALID)
        {
            mLimitTime_Timer -= DeltaTime();    //更新倒计时
            if (mLimitTime_Timer <= 0)          //超过时间则失败
```

```
        {
            state = STATE_FAILURE;
            mLimitTime_Timer = 0;
        }
    }
    return this;
    }
}
```

接下来对连续技指令进行组合处理。

```
public class WaitForComboInput : IEnumerator
{
    const sbyte COUNTDOWN_INVALID = -1;              //无效倒计时
    const sbyte STATE_SUCCESS = 1;                   //成功 ID
    const sbyte STATE_FAILURE = -1;                  //失败 ID
    const sbyte STATE_WAIT = 0;                      //等待 ID
    int mCurrentIndex;                               //当前指令索引
    ComboCmd[] mCmdArray;                            //指令数组
    public WaitForComboInput(ComboCmd[] comboCmdArray)  //初始化
    {
        mCmdArray = comboCmdArray;
    }
    object IEnumerator.Current { get { return null; } }   //接口实现
    void IEnumerator.Reset() { mCurrentIndex = 0; }       //接口实现
    bool IEnumerator.MoveNext()                           //更新逻辑
    {
        var result = false;
        var state = STATE_FAILURE;                        //初始化状态
        //更新命令
        mCmdArray[mCurrentIndex] = mCmdArray[mCurrentIndex].Tick(out state);
        switch (state)
        {
            case STATE_FAILURE:                           //失败的情况
                mCurrentIndex = 0;
                for (int i = 0, iMax = mCmdArray.Length; i < iMax; i++)
                    mCmdArray[i] = mCmdArray[i].Reset();  //失败重置
                result = true;
                break;
            case STATE_SUCCESS:              //成功的情况
                mCurrentIndex++;
                if (mCurrentIndex == mCmdArray.Length)
                    result = false;          //若为最后一个指令则协程结束
                else
                    result = true;
                break;
            case STATE_WAIT:                 //继续等待
                result = true;
                break;
        }
        return result;                       //若返回值为 True 则继续更新
    }
}
```

最后在协程函数里调用即可：

```
class Foo : MonoBehaviour
{
    IEnumerator Start()
    {
        Func<float> deltaTime = () => Time.deltaTime;    //时间间隔函数
        yield return new WaitForComboInput(new ComboCmd[]
        {
            new ComboCmd(){Conditional=()=>Input.GetKey(KeyCode.X), DeltaTime=
deltaTime, HoldTime=-1, LimitTime=0.2f },             //0.2秒内按下 x
            new ComboCmd(){Conditional=()=>Input.GetKey(KeyCode.Y), DeltaTime=
deltaTime, HoldTime=-1, LimitTime=0.2f },             //0.2秒内按下 y
            //0.2秒内按下 a,b
            new ComboCmd(){Conditional=()=>Input.GetKey(KeyCode.A) && Input.
GetKey(KeyCode.B), DeltaTime=deltaTime, HoldTime=-1, LimitTime=0.2f },
        });
        Debug.Log("Triggered!");                          //触发
    }
}
```

4.3　场景互动部分

在游戏场景中操控机关、物件，进行攀爬、使用钩锁等，甚至由于场景变化而发生的海战、公路战，如《战神3》中伊卡洛斯飞翔部分等，这些都可以归纳为场景互动的范畴，它们中有一些可以交给过场动画（Cutscene）来控制，而另一些操控性和重复性较强的部分则需要封装场景互动模块进行处理。本节将对这些内容进行讲解。

4.3.1　角色冻结

在进行过场动画切换或将角色转交给其他模块控制时，都需要调用角色冻结的接口。一般我们将角色冻结分为两种级别，即冻结输入与整体冻结。冻结输入一般用于没有主角参与的过场动画，而整体冻结则对应多数情况。

整体冻结需要考虑刚体、布料及动画 Animator 的重置情况，代码如下：

```
public class PlayerFreezeTest : MonoBehaviour
{
    public Cloth[] characterCloths;            //角色的布料对象数组
    public Animator animator;
    public Rigidbody selfRigidbody;            //角色刚体组件
    void Freeze(bool isFreeze)
    {
        if (isFreeze)                          //进入冻结逻辑
        {
```

```
            selfRigidbody.isKinematic = true;
            animator.enabled = false;
        }
        else                                     //退出冻结逻辑
        {
            for (int i = 0; i < characterCloths.Length; i++)
                characterCloths[i].ClearTransformMotion();//清空布料运动信息
            selfRigidbody.isKinematic = false;    //恢复刚体
            animator.enabled = true;              //恢复 Animator
            animator.Rebind();                    //重置根运动
        }
    }
}
```

4.3.2　场景互动组件

为了便于开发，可以对场景中诸如箱子、长梯和机关等互动组件进行简单封装。一般把场景中可以交互的物件叫作场景组件（SceneComponent），而每一个可以产生交互的角色都会附带一个场景组件接收器（SceneComponentReceiver），当碰撞事件触发时接收器会过滤碰撞并判断当前哪个组件可以执行，它的运行逻辑如图 4.9 所示。

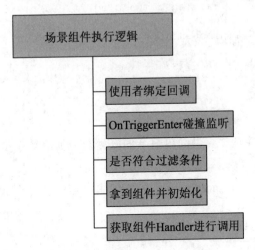

图 4.9　场景组件执行逻辑

首先创建一个常量类来存储不同组件的 ID 数据。

```
public static class SceneComponentConst
{
    //交互长梯
    public const int LADDER = 1;
    //推移箱子
    public const int PUSHPULLBOX = 2;
}
```

接下来编写场景组件接收器，由于场景组件不会有很多，所以可以做一个 Mask 来判断筛选的包含关系。这里用 C#自带的 BitArray 位数组进行判断，由于组件不会有很多所以将位数组的最大值设为 64。

```csharp
public class SceneComponentReceiver : MonoBehaviour
{
    const int SCENE_COMPONENT_MAX = 64;        //最多 64 个组件
    BitArray mReceiveComponentIdentities;      //筛选的位数组
    public string compareTag;                  //标签筛选
    public int[] receiveIdentities;            //编辑面板配置接收 ID
    //接收事件
    public event Action<SceneComponentReceiver, ISceneComponent> OnReceived;
    void Awake()
    {
        //创建位数组
        mReceiveComponentIdentities = new BitArray(SCENE_COMPONENT_MAX);
        for (int i = 0; i < receiveIdentities.Length; i++)
            //接收 ID 都设为 true
            mReceiveComponentIdentities[receiveIdentities[i]] = true;
    }
    void OnTriggerEnter(Collider other)                    //碰撞事件触发
    {
        if (!other.CompareTag(compareTag)) return;  //标签不一致跳出
        var sceneComponent = other.GetComponent<ISceneComponent>();
        if (mReceiveComponentIdentities[sceneComponent.ID])    //进入筛选
        {
            if (OnReceived != null)
                OnReceived(this, sceneComponent);       //触发接收事件
        }
    }
}
```

这样接收器逻辑就完成了，做简单封装的好处是方便后续扩展，接下来看看调用部分的逻辑。

定义两个接口 User 与 Handler，它们需要使用者与组件分别去实现。

```csharp
public interface ILadderUser                        //使用角色需要实现它
{
    Transform Transform { get; }
    void ToggleLadderAnimation(bool enable);     //改变动画变量
}
public interface ILadderHandler
{
    void MoveLeave();                    //用于游戏内其他角色直接调用该函数结束操作
    void MoveUp();                       //用于玩家控制向上移动
    void MoveDown();                     //用于玩家控制向下移动
}
```

通过接口解耦了使用者与组件的调用关系，当使用时代码如下：

```csharp
public partial class Player : MonoBehaviour, ILadderUser    //玩家的部分类
```

```
{
    void SceneComponent_Ladder_Initialization() //初始化函数，在主类里调用
    {
        //事件绑定
        sceneComponentReceiver.OnReceived += OnSceneComponentLadderReceived;
    }
    void SceneComponent_Ladder_Destroy()            //销毁函数，在主类里调用
    {
        //事件绑定注销
        sceneComponentReceiver.OnReceived -= OnSceneComponentLadderReceived;
    }
    void OnSceneComponentLadderReceived(SceneComponentReceiver arg1,
ISceneComponent arg2)
    {
        if (arg2.ID == SceneComponentConst.LADDER)            //ID 判断
        {
            arg2.Initialization(this);                        //传入接口
            var ladderHandler = arg2.GetHandler() as ILadderHandler;
            //省略爬梯子的具体执行代码
        }
    }
    //user 实现字段
    Transform ILadderUser.Transform { get { return transform; } }
    void ILadderUser.ToggleLadderAnimation(bool enable)      //user 实现函数
    {
        animator.SetBool("Ladder", enable);                   //动画变量修改
    }
}
```

在示例代码中演示了在玩家部分类中，长梯组件交互逻辑的编写。当 AI 或 NPC 也需要使用长梯时只需要实现 User 接口并处理接收器响应的逻辑即可。

考虑到还会有多个组件同时检测等情况，还可以在接收器中增加碰撞退出的事件通知等，对于多数情况本例都是适用的。

第 5 章　关卡部分详解

如果从技术的角度来看关卡设计，它是一个复合性的概念，是多个不同职能的角色参与其中一起协作的过程。本章主要从技术角度出发去梳理这个过程中遇到的种种问题，也会讲解一些设计上的思路。

前半部分将从 Graybox（也称为白盒）阶段入手，对视距、规模及不同内容的调度安排进行讲解；在中后部分，将会对一些偏具体操作的内容进行讲解，如对象池处理、存档序列化等。

5.1　前　期　考　量

本节主要讲解关卡设计在最初阶段的工作内容，我们基于一个叫作 Graybox（灰盒）的原型构建方式，对前期关卡进行调试。在此之上，再去进行视距、关卡流程和事件等内容的处理与细化。

5.1.1　从 Graybox 说起

在关卡设计的开始阶段，我们需要一些能够快速成型的体块结构，用以测试想法。通常关卡设计师会用灰模或体块去构建场景大型进行测试工作，这个阶段一般被称之为 Graybox，如图 5.1 所示。

图 5.1　某独立游戏的 Graybox 场景

在 Graybox 阶段也就是关卡设计前期，一般会关注几个点，对于技术部分列举如下：

- 关注技术特性：在设计之前大家需要一起讨论加入一些程序技术特性的可能性。例如，该场景是否可以表现体积光、熔岩环境、下雨等含有此类技术表现性的内容。如果只以设计先行的话，则会对后期场景的丰富性带来制约。

- 资源复用：在进行关卡设计时，设计者需要尽量少使用一次性资源，例如某个唯一的雕像、风格迥异的庭院等。在场景中尽量去复用已有的模型元件，这不仅可以节省内存空间，还可以适用于 GPU 的批次合并，否则将会影响到场景的正常运行。所以如何去复用取舍，这需要在制作前期纳入考虑。

- 视距阻断：在游戏场景中，过远的视距会导致大量的模型渲染。我们需要注意到这一点，并在前期刻意设计一些弯路或墙壁，以阻断视距让场景正常运行。

- 预留相机空间：在一些固定视角的游戏中，设计者需要考虑相机运镜的处理，这里建议多使用半开放式的场景，如崖壁、庭院等。

而在关卡设计层面的注意事项似乎属于另一个范畴。但根据笔者自身的一些游戏经验，给出如下建议。

- 善于调度积极性：一个有趣的关卡制游戏需要不断地出现不重复的关卡元素来调用玩家的积极性，或是突然破墙而出的巨兽，又或是一些敌人内部矛盾的镜头等。设计者应当用新颖的方式去避免传统的解谜刷怪这些元素。

- 合理地控制关卡节奏：常见的关卡制游戏可以通过怪物组合、补给点、存档点分配等控制关卡的整体节奏。对于一些挑战性较高的怪物组合，开发者可以适当地将其留在中后期的关卡中，或者将前期的 BOSS 怪物作为后期杂兵出现。这样的策略可以适当降低玩家的疲劳感，而且也比较廉价。

- 倾向于直觉的谜题：如火焰可以燃烧藤蔓、油罐可以被爆破等，设计者应考虑一些更为直观的关卡谜题，而不是类似于传统的找钥匙那样的生硬处理。

5.1.2　规划层级结构

合理的层级结构可以加速关卡的迭代过程，如图 5.2 所示。这里列举常规的层级分类以供读者参考。

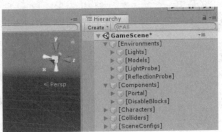

图 5.2　场景层级参考

对于更复杂的多人开发，可以考虑将其拆分成不同的 Unity 场景来加载。关卡的层级结构如表 5.1 所示。

表 5.1　关卡层级结构参考

层　级　名	说　　明
Environments	存放无交互性的美术资源。可建立子层级分类 Lights（灯光）、Models（模型）、LightProbe（光照探针）、ReflectionProbe（反射探针）等
Components	关卡组件，如传送门、事件触发框等。可依据关卡之间有共性的部分建立子层级分类
Characters	角色，由于需要频繁调试，这个分类一定要单独列出来
Colliders	碰撞器，存放关卡场景的静态碰撞
SceneConfigs	场景配置，存放关卡加载后的初始化脚本

开发者还可以做一些优化，这些分类目录并不需要 Transform 组件，可以通过扩展编辑器的方法将它们的变换信息锁定在初始状态。

5.1.3　模型的导出与调试

在编辑怪物破墙而出、前路塌陷等关卡事件时，往往需要频繁地在模型编辑软件与 Unity 之间来回切换，而在不同软件之间核对场景坐标是件比较头疼的事情。在 Unity 2018 版之后内置了 FBX 模型导出的功能，开发者可以很方便地将 Unity 当前场景导出到别的软件中继续操作。

这里以 Unity 2019.1 为例对该功能进行演示。首先选择 Window | Package Manager 命令，在顶部的 Advanced 按钮的下拉菜单中勾选 show preview packages 选项，刷新后选择 FBX Exporter，单击安装（Install）按钮即可，如图 5.3 所示。

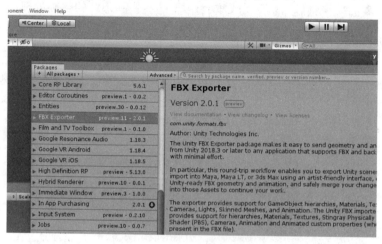

图 5.3　FBX Exporter 的安装

　　安装好后会在层级面板的右键菜单中出现 Export to FBX 选项，该功能支持 Shift 键多选且支持动画导出，单击后弹出导出设置菜单，如图 5.4 所示。

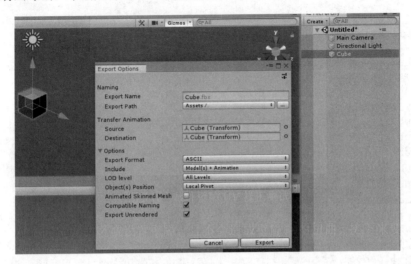

图 5.4　FBX Exporter 导出设置菜单

　　导出后的模型默认在项目的根目录中。接下来就可以将其导入其他软件中进行操作了。

5.2　开发阶段深入解析

　　本节主要讲解关卡在开发阶段中用到的一些模块脚本，其中包括存档和读档的序列化实现、消息处理、对象池的使用等。

5.2.1　SpawnPoint 的使用

　　在关卡编辑时，我们通常不会将敌人或 NPC 的预制体文件直接置入场景中，为了循环使用角色对象以及便于管理，可以使用 SpawnPoint 作为创建点来动态地创建它们，并且宝箱、相机等可以动态加载的内容也都可以由 SpawnPoint 进行创建。

　　在编写之前需要思考下面三个问题。

- 实例化源：从 Resources 还是 AssetBundle 中创建？
- 时序：在脚本 OnEnable 阶段创建还是 Start 阶段创建？是否会影响到序列化？
- 场景依赖：例如创建出的怪物需要拿到静态配置在场景里的巡逻路径等。

　　第一个问题可以提供一个枚举字段来进行选择；第二个时序问题也可以提供一个字段选择，但主角的 SpawnPoint 应当优先创建；第三个场景依赖问题可以给 SpawnPoint 提供一个获取创建对象的接口，这样场景中的脚本就可以通过它来获取已创建完成的对象。

根据上述几点，开始编写 SpawnPoint 脚本。下面来看一下 SpawnPoint 中一些字段的定义。

```
public class SpawnPoint : MonoBehaviour
{
    public enum EHierarchyMode { Child, EqulsParent }   //层级模式枚举
    //实例源位置枚举
    public enum EResourcesLocation { AssetBundle, Resources }
    //时序枚举
    public enum ESpawnOrder { Manual, OnEnabled, Start, Message }
    public string resourcePath;                          //Resource 路径
    public ESpawnOrder spawnOrder;                       //实例化时序
    public EResourcesLocation resourceLocation;          //实例化源
    public EHierarchyMode createHierMode;                //层级模式
    GameObject mSpawnedGO;                               //已创建的对象缓存
    //已创建的对象实例
    public GameObject SpawnedGO { get { return mSpawnedGO; } }
    //是否已创建
    public bool IsSpawned { get { return SpawnedGO != null; } }
    public event Action<GameObject> OnSpawned;           //创建回调
}
```

针对前几个问题都提供了可配置的字段，其中 SpawnOrder 的枚举除了基本的类型外还考虑到了消息驱动创建（Message）以及脚本自行创建（Manual）的情况。接下来是 Spawn 函数的逻辑，如下：

```
protected virtual void Spawn()
{
    var instancedGO = default(GameObject);
    switch (resourceLocation)                        //开始从特定源实例数据
    {
        case EResourcesLocation.AssetBundle:      //AB 包需要自己实现一些内容
            //省略 AssetBundleManager 加载的具体执行代码
            break;
        case EResourcesLocation.Resources:     //Resource 直接 Load 进来然后实例化
            var resHandle = Resources.Load<GameObject>(resourcePath);
            instancedGO = Instantiate(resHandle) as GameObject; //实例化
            instancedGO.name.Substring(0, instancedGO.name.Length -
"(Clone)".Length);                              //删除 Clone 后缀
            break;
    }
    if (instancedGO == null)           //检测创建失败的情况，多数为面板路径填错
        Debug.LogError("实例化失败！请检查面板填写是否正确!");
    switch (createHierMode)                           //层级模式
    {
        case EHierarchyMode.Child:                      //创建为 SpawnPoint 的子对象
            instancedGO.transform.parent = transform;
            instancedGO.transform.localPosition = Vector3.zero;
            instancedGO.transform.localRotation = Quaternion.identity;
            break;
```

```
            case EHierarchyMode.EqulsParent:      //与 SpawnPoint 一致的父级
                instancedGO.transform.parent = transform.parent;
                instancedGO.transform.position = transform.position;
                instancedGO.transform.rotation = transform.rotation;
                break;
        }
        mSpawnedGO = instancedGO;                  //赋值到内部字段
        if (OnSpawned != null)                     //触发回调
            OnSpawned(mSpawnedGO);
}
```

在该案例的代码中，功能函数统一标记为虚函数实现，这是为了后续使用时方便继承扩展。此外，需要注意实例化源的部分写了两种类型，即 Resources 和 AssetBundle。读者还可以根据需要加入对象池（Object Pool）作为实例化源。在实际项目中，选择对象池作为实例化源也是较为常见的。

这里还需要再补充两个函数，即处理回收与供脚本调用创建的接口，具体如下：

```
//尝试创建，若已创建则跳出
public virtual bool TrySpawn()
{
    if (IsSpawned) return false;              //跳出逻辑
    Spawn();                                   //创建
    return true;
}
//处理回收的逻辑
//若未来加入池的话，这里还会增加一些内容
public virtual void Recycle()
{
    mSpawnedGO = null;
}
```

同样考虑到未来池的情况，回收部分会增加一些逻辑。最后我们将生成与回收的函数写进 Unity 的事件里，如下：

```
protected virtual void OnEnable()              //OnEnable 事件
{
    if (spawnOrder != ESpawnOrder.OnEnabled) return;     //时序检测
    Spawn();                                   //创建
}
protected virtual void Start()                 //Start 事件
{
    if (spawnOrder != ESpawnOrder.Start) return;         //时序检测
    Spawn();                                   //创建
}
protected virtual void OnDestroy()             //OnDestroy 事件
{
    Recycle();                                 //执行回收
}
```

5.2.2　扩展 SpawnPoint

上一节讲述了 SpawnPoint 的创建，这一节将继续对它进行扩展，主要针对编辑器下

的预览调试，以便于在大地形上创建怪物的 **SpawnPointBrush** 功能，如图 5.5 所示。

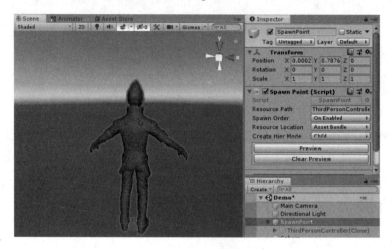

图 5.5　SpawnPoint 的编辑器扩展

1．SpawnPoint的编辑器扩展

首先创建编辑器扩展类，并编写一些基础的 UI 布局逻辑。代码如下：

```
[CustomEditor(typeof(SpawnPoint))]                 //连接到 SpawnPoint
[CanEditMultipleObjects]                           //允许多个目标编辑
public class SpawnPointInspector : Editor
{
    public override void OnInspectorGUI()          //重写检视面板逻辑
    {
        base.OnInspectorGUI();
        if (targets.Length > 0)                    //当多目标编辑时不显示按钮
        {
            GUILayout.BeginVertical(GUI.skin.box);      //开始纵向布局组
            if (GUILayout.Button("Preview")) { }        //预览按钮
            if (GUILayout.Button("Clear Preview")) { }  //清除预览按钮
            GUILayout.EndVertical();                     //结束纵向布局组
        }
    }
}
```

以上脚本属于编辑器脚本，需放置于 **Editor** 文件夹内，它支持多目标编辑，但会隐藏预览按钮。接下来编写进行预览的具体逻辑，代码如下：

```
var spawnPoint = base.target as SpawnPoint;        //拿到 SpawnPoint 的具体对象
//只支持调试 Resources 目标对象
var cacheResourceLocation = spawnPoint.resourceLocation;
//也可以将调试路径填入 Resources 字段供编辑器调试使用
spawnPoint.resourceLocation = SpawnPoint.EResourcesLocation.Resources;
spawnPoint.GetType().GetMethod("Spawn", BindingFlags.Instance | BindingFlags.
```

```
NonPublic).Invoke(spawnPoint, null);
//通过反射调用 Spawn 方法
if (spawnPoint.SpawnedGO != null)
    spawnPoint.SpawnedGO.hideFlags = HideFlags.DontSaveInEditor | HideFlags.
NotEditable;
//创建出来的对象标记为不可保存、不可编辑的状态
spawnPoint.resourceLocation = cacheResourceLocation;          //恢复实例源
```

这里首先拿到具体目标对象，然后将创建对象的实例源位置，暂时修改为 Resources 目录，并通过反射调用 Spawn 接口进行创建，创建后将其 GameObject 的标记设置为不可保存且不可编辑。

接下来对 ClearPreview 的逻辑进行处理，只需要拿到已创建的对象进行销毁即可。

```
var spawnPoint = base.target as SpawnPoint;        //拿到 SpawnPoint 的具体对象
if (spawnPoint.SpawnedGO != null)                  //是否已经创建了对象
    DestroyImmediate(spawnPoint.SpawnedGO);        //直接将已创建的对象销毁
```

这样 SpawnPoint 的编辑器扩展功能就完成了。

2．SpawnPointBrush功能编写

在关卡编辑时，有时会遇到一些开放式的关卡，而这类关卡一般涉及地形，我们需要一个类似于地形笔刷的功能进行 SpawnPoint 的批量创建，如图 5.6 所示。

图 5.6　笔刷指示图案

由于该脚本的主要功能都在编辑器下，所以只需为其声明一个字段即可，我们先创建它。

```
public class SpawnPointBrush : MonoBehaviour
{
    [HideInInspector]                         //在检视面板内隐藏
    public string templateCachePath;          //缓存模板路径
}
```

接下来创建 Editor 类自定义检视面板，开始编写一些基础逻辑。

```
[CustomEditor(typeof(SpawnPointBrush))]      //标记自定义编辑器目标类
public class SpawnPointBrushInspector : Editor
{
    bool mMouseClickMark;                    //缓存鼠标按下标记，以便 GUI 处理
    SpawnPoint mSpawnPointTemplate;          //模板实例
    List<SpawnPoint> mCreatedList;           //已创建内容列表
    SpawnPointBrush mSpawnPointBrush;        //连接的 Target 对象
    void Awake()
    {
        mSpawnPointBrush = target as SpawnPointBrush;    //缓存目标
        SceneView.duringSceneGui += OnDuringSceneGui;    //绑定场景视图事件
    }
    void OnDestroy()
    {
        SceneView.duringSceneGui -= OnDuringSceneGui;//取消绑定场景视图事件
    }
}
```

mMouseClickMark 这个变量用于缓存，以区分鼠标是按下还是处于单击的状态；mSpawnPointTemplate 用于存放模板实例；mCreatedList 为已创建内容的缓存列表。在这段代码中注册了场景视图事件，因为需要在编辑器场景视窗中绘制一些标记，所以这些内容将会在后面讲解。

下面开始 OnInspectorGUI 内容的编写，该函数可以扩展检视面板，这里是为了便于用户拖曳模板对象。

```
public override void OnInspectorGUI()
{
    base.OnInspectorGUI();
    //已创建的 SpawnPoint 对象数
    GUILayout.Box("Created SpawnPoint: " + mCreatedList.Count);
    mSpawnPointTemplate = EditorGUILayout.ObjectField("SpawnPoint Template",
mSpawnPointTemplate, typeof(SpawnPoint), true) as SpawnPoint;
    //通过 ObjectField 控件设置 SpawnPoint 模板
    if (mSpawnPointTemplate != null)
        mSpawnPointBrush.templateCachePath = AssetDatabase.GetAssetPath
(mSpawnPointTemplate);
    //将模板转换为缓存路径存储进字段中，这样当下次打开时就不需要重新设置了
}
```

这里一共有 3 个功能，首先显示已创建 SpawnPoint 的数量以进行统计，接下来是对缓存的路径进行加载，若没有模板字段则为空。

最后是 OnDuringSceneGui 的函数体部分，也是笔刷部分的核心内容，如下：

```
void OnDuringSceneGui(SceneView sceneview)
{
    var mousePosition = Event.current.mousePosition;
    //拿到鼠标屏幕空间坐标，反转后减去头部 GUI 高度
    mousePosition.y = Screen.height - mousePosition.y - 40;
```

```
var cam = SceneView.lastActiveSceneView.camera; //拿到当前编辑器内的相机
if (cam == null) return;                          //若当前面板无相机则跳出
var aimRay = cam.ScreenPointToRay(mousePosition);
var hit = default(RaycastHit);
//射线检测任意目标碰撞
if (!Physics.Raycast(aimRay, out hit, Mathf.Infinity)) return;
Vector3 brushPos = hit.point;                     //笔刷中心点
//绘制白色提示线
Handles.DrawAAPolyLine(brushPos, brushPos + new Vector3(0, 10, 0));
DrawBrush(brushPos, 2f, Color.blue);              //绘制蓝色内提示圈
DrawBrush(brushPos, 4f, Color.blue);              //绘制蓝色外提示圈
//确定是按住 Alt 键并右击鼠标
if (Event.current.button == 1 && Event.current.alt && !mMouseClickMark)
{
    if (mSpawnPointTemplate != null)
    {
        //实例化 GameObject
        var go = Instantiate(mSpawnPointTemplate.gameObject) as GameObject;
        //加入 Undo 列表
        Undo.RegisterCreatedObjectUndo(go, "SpawnPointBrush");
        go.name = mSpawnPointTemplate.name;       //修改名称
        go.transform.parent = mSpawnPointBrush.transform;   //设置父级
        go.transform.position = brushPos;
        mCreatedList.Add(go.GetComponent<SpawnPoint>()); //加入创建列表
    }
    mMouseClickMark = true;                       //鼠标单击标记设置
}
if (Event.current.type == EventType.MouseUp)      //鼠标单击标记重置
    mMouseClickMark = false;
SceneView.RepaintAll();       //执行重绘，保证 SceneView 视图始终处于更新状态
}
```

这里在每次渲染场景视图时，获取鼠标当前视窗坐标，并以此位置投射射线。当与任意碰撞器相交后，在相交位置创建指示图案并检测创建按键是否被按下。这里的创建指令是 Alt+鼠标右键，输入后会在指定位置创建 SpawnPoint。

在图像绘制的函数中有一个 DrawBrush 函数，它负责绘制环形笔刷的外观，它的函数体部分如下：

```
void DrawBrush(Vector3 pos, float radius, Color color, float thickness =
3f, int numCorners = 32)
{
    Handles.color = color;                        //设置颜色
    var corners = new Vector3[numCorners + 1];    //创建转角点
    float step = 360f / numCorners;               //计算每个转角点的步幅
    for (int i = 0; i <= corners.Length - 1; i++) //计算转角点的坐标
        corners[i] = new Vector3(Mathf.Sin(step * i * Mathf.Deg2Rad), 0,
Mathf.Cos(step * i * Mathf.Deg2Rad)) * radius + pos;
    Handles.DrawAAPolyLine(thickness, corners);   //执行绘制
}
```

它通过多根线段的方法进行圆环绘制，这样笔刷的部分就完成了。

5.2.3　对象池的编写

对象池（Object Pool）常用于缓存一定数量的实例对象，并进行简单的隐藏操作，当需要使用它时显示即可，它可以避免频繁地创建销毁对象。相信大多数开发者对其都不会陌生，由于它涉及对象的创建逻辑，所以会与其他模块产生相当程度的耦合与交集，在后面的章节中也会提到它。那么接下来就开始编写一个简单的对象池功能。

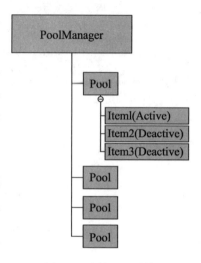

图 5.7　池的设计结构

单个池可以管理对象的取出及取回状态，不同类型的对象需要不同类型的池，但它们的共有逻辑是可以提炼的。我们可以给池赋予 ID 号并在池管理器中注册与获取它们，如图 5.7 所示。

当进入关卡后，首先会进行脚本配置，用以配置当前关卡中对不同池的缓存数量及不同策略，这样的脚本配置在每个关卡中都会出现。

存放在池中的对象在放回和取出时，需要得到对应的消息通知，较为简单的做法是借助 Unity 自身消息模块进行广播，或自行查找接口来分发。

接下来进入脚本的编写部分，先来看看池管理器的逻辑。

```
public class PoolManager
{
    static PoolManager mInstance;
    public static PoolManager Instance { get { return mInstance ?? (mInstance
= new PoolManager()); } }                              //单例
    List<DefaultPool> mPoolList;                        //池 List
    public PoolManager()
    {
        mPoolList = new List<DefaultPool>();
    }
    public void RegistPool(DefaultPool pool)            //注册池
    {
        mPoolList.Add(pool);
    }
    public void UnregistPool(DefaultPool pool)          //反注册池
    {
        mPoolList.Remove(pool);
    }
    public DefaultPool GetPool(int id)                  //通过 ID 获取池
    {
        var result = default(DefaultPool);
```

```
        for (int i = 0, iMax = mPoolList.Count; i < iMax; i++)
        {
            var item = mPoolList[i];
            if (item.ID == id)
            {
                result = item;
                break;
            }
        }
        return result;
    }
    public void Prepare(int poolID, int poolSize)        //重定义池缓存大小
    {
        GetPool(poolID).Prepare(poolSize);
    }
    public void ClearAll()              //一般退出关卡时调用，清空所有池内的对象
    {
        for (int i = 0, iMax = mPoolList.Count; i < iMax; i++)
            mPoolList[i].Clear();        //执行池对象的清空函数
    }
}
```

池管理器主要提供池的注册、反注册和获取等操作。**Prepare** 接口用于进入关卡后进行池大小的重设，ClearAll 用于当退出关卡时清空池对象的使用。

接下来是池的逻辑，由于多数资源可以算作 GameObject 进行处理，所以统一将模板与实例化类型设定为 GameObject。默认池的定义如下：

```
public class DefaultPool
{
    const string MSG_POOL_TAKE = "OnPoolTake";                //池取出消息
    const string MSG_POOL_TAKE_BACK = "OnPoolTakeBack";       //池放回消息
    bool mSendPoolMessage;                                    //是否发送消息
    GameObject mTemplate;                                     //模板
    protected Queue<GameObject> mMemberQueue;
    public int ID { get; private set; }                       //ID
    public int PoolSize { get; private set; }                 //池的的大小
}
```

在构造函数里对其赋值：

```
public DefaultPool(int id, GameObject template, bool sendPoolMessage = true)
{
    ID = id;
    mTemplate = template;
    mSendPoolMessage = sendPoolMessage;
    mMemberQueue = new Queue<GameObject>(10);     //初始化队列，缓存大小为 10
}
```

取出物品与放回只需要对队列进行操作即可，设置激活状态并使用 Unity 的消息广播通知当前对象。

```
public virtual GameObject TakeItem()                 //取出物品
{
```

```
    if (mMemberQueue.Count == 0) return null;        //默认是非增量逻辑
    var instanceGO = mMemberQueue.Dequeue();
    instanceGO.SetActive(true);
    if (mSendPoolMessage)
        instanceGO.BroadcastMessage(MSG_POOL_TAKE);
    return instanceGO;
}
public virtual void TakeBackItem(GameObject go)      //放回物品
{
    go.SetActive(false);
    if (mSendPoolMessage)
        go.BroadcastMessage(MSG_POOL_TAKE_BACK);
    mMemberQueue.Enqueue(go);
}
```

清空与准备操作，主要被用于关卡初始化与退出时的重置。

```
public virtual void Prepare(int poolSize)            //重置池的大小
{
    PoolSize = poolSize;
    Clear();                                         //清空队列
    for (int i = 0; i < poolSize; i++)
    {
        var instancedGO = UnityEngine.Object.Instantiate(mTemplate,
Vector3.zero, Quaternion.identity);
        instancedGO.SetActive(false);
        mMemberQueue.Enqueue(instancedGO);
    }//重新添加
}
public virtual void Clear()                 //清空池中的所有对象
{
    while (mMemberQueue.Count > 0)
        UnityEngine.Object.Destroy(mMemberQueue.Dequeue());
}
```

这样一个简单的对象池功能实现完成了。当然，若真正去使用还需要增加一些
ScriptableObject 来进行配置等。

5.2.4　关卡模块的序列化

对关卡内容进行序列化是一项有必要的操作。关卡中的检查点重置、存档等功能都依
赖于序列化接口。在游戏中可通过外部模块主动调用关卡模块的序列化、反序列化接口，
以完成关卡部分存档、读档功能的实现。关卡序列化的主要问题是如何去控制场景内不同
组件的序列化顺序，因为有些游戏对象会在编辑器内被不断删改，而另一些游戏对象则被
动态创建。

这里的解决方式是为每个组件分配一个 GUID，在反序列化时可按照 GUID 来查找当
前场景内存在的组件，如图 5.8 所示。

关卡组件需要实现 IMissionArchiveItem 接口，它提供了基础的序列化、反序列化事件

函数。需要注意，由于关卡的特殊性，角色检查点重置或者读档进入关卡都需要进行反序列化，所以这里将反序列化理解为关卡的状态初始化，从而间接合并了初始化与反序列化操作。

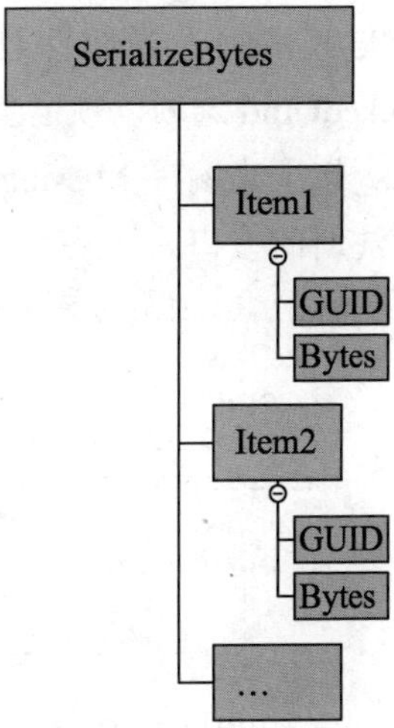

```
public interface IMissionArchiveItem : IGuidObject
{
    void OnSerialize(BinaryWriter writer);//序列化
    //关卡初始化
    void OnMissionArchiveInitialization
(BinaryReader reader, bool hasSerializeData);
}
```

这是关卡组件的基础接口，而它又继承于 IGuidObject，也就是上面所说的 GUID 分配。这个接口只有一个 GUID 字段。

```
public interface IGuidObject
{
    long Guid { get; }
}
```

图 5.8　关卡序列化方式示意图

使用 C#自带的方法即可创建 GUID。

```
long CreateLongGUID()
{
    var buffer = System.Guid.NewGuid().ToByteArray();   //创建 GUID 字节数组
    return System.BitConverter.ToInt64(buffer, 0);      //转换为 long 类型
}
```

为了方便起见，接下来将实现一个 GuidObject 类，挂载在场景中会自动分配 GUID 字段。

```
public class GuidObject : MonoBehaviour, IGuidObject
{
    //动态对象的 GUID 计数变量
    static long mRuntimeGuidCounter = long.MinValue;
    public long guid;
#if UNITY_EDITOR
    public bool lockedGuid;                             //锁定 GUID 值
#endif
    long IGuidObject.Guid { get { return guid; } } //接口实现
    public void ArrangeRuntimeGuid()                    //动态对象初始化 GUID
    {
        mRuntimeGuidCounter++;
        guid = mRuntimeGuidCounter;
    }
#if UNITY_EDITOR
    protected virtual void OnValidate()
    {
        if (!lockedGuid)
            guid = CreateLongGUID();
    }
#endif
}
```

考虑到动态创建的组件，由于静态 GUID 通常是大于 0 的值，所以动态 GUID 一般不

会与其冲突。当组件有所改变时会触发 OnValidate，如需防止误修改，也可以勾上 lockedGuid 选项以锁定当前值。

接下来编写 MissionArchiveManager 脚本，先不涉及序列化逻辑，仅提供组件注册与反注册的接口。

```
public class MissionArchiveManager
{
    static MissionArchiveManager mInstance;              //这里使用非 mono 单例
    public static MissionArchiveManager Instance { get { return mInstance ??
(mInstance = new MissionArchiveManager()); } }
    List<IMissionArchiveItem> mMissionArchiveItemList;
    public MissionArchiveManager()
    {
        mMissionArchiveItemList = new List<IMissionArchiveItem>();
    }
    public void RegistMissionArchiveItem(IMissionArchiveItem archiveItem)
    {
        mMissionArchiveItemList.Add(archiveItem);       //注册组件
    }
    public void UnregistMissionArchiveItem(IMissionArchiveItem archiveItem)
    {
        mMissionArchiveItemList.Remove(archiveItem);    //反注册组件
    }
}
```

结构已经逐渐清晰，来看看场景组件要如何编写。

```
public class Foo : GuidObject, IMissionArchiveItem
{
    public int HP { get; private set; }                 //生命值
    void Awake()
    {
        //注册关卡组件
        MissionArchiveManager.Instance.RegistMissionArchiveItem(this);
    }
    void OnDestroy()
    {
        //反注册关卡组件
        MissionArchiveManager.Instance.UnregistMissionArchiveItem(this);
    }
    void IMissionArchiveItem.OnMissionArchiveInitialization(BinaryReader
deserialize, bool hasSerializeData)                     //反序列化处理
    {
        if (hasSerializeData)                           //有序列化数据
            HP = deserialize.ReadInt32();
    }
    void IMissionArchiveItem.OnSerialize(BinaryWriter writer)  //序列化处理
    {
        writer.Write(HP);
    }
}
```

　　这是一个只有生命值字段的场景组件，它将在 **Awake** 阶段注册，在 **OnDestroy** 阶段反注册。在触发存档时会触发接口的序列化与反序列化函数，以存储或恢复生命值字段。

　　最后是 **MissionArchiveManager** 序列化与反序列化的实现部分，它将为每个注册的组件临时创建一个 **MemoryStream**，并将写入的字节数组整合到外部流中。

```
public void MissionInitialization()                    //常规进入关卡调用此初始化
{
    for (int i = 0, iMax = mMissionArchiveItemList.Count; i < iMax; i++)
    {
        var item = mMissionArchiveItemList[i];
        item.OnMissionArchiveInitialization(null, false);
    }
}
public void MissionInitialization(Stream stream) //读档或检查点调用此初始化
{
    using (var binaryReader = new BinaryReader(stream))
    {
        var serializeCount = binaryReader.ReadInt32();   //获取之前组件数量
        for (int i = 0; i < serializeCount; i++)
        {
            var guid = binaryReader.ReadInt64();                 //读到 ID
            var bytes_length = binaryReader.ReadInt32();
            var bytes = binaryReader.ReadBytes(bytes_length);    //读到字节
            for (int archiveIndex = 0, archiveIndex_Max = mMission
ArchiveItemList.Count; archiveIndex < archiveIndex_Max; archiveIndex++)
            {
                var item = mMissionArchiveItemList[archiveIndex];
                if (item.Guid != guid) continue;        //不匹配，则跳出
                using (var archiveItemStream = new MemoryStream(bytes))
                using (var archiveItemStreamReader = new BinaryReader
(archiveItemStream))
                    item.OnMissionArchiveInitialization(archiveItem
StreamReader, true);                        //反序列化操作
            }
        }
    }
}
public void MissionSerialize(Stream stream)                    //关卡序列化
{
    using (var binaryWriter = new BinaryWriter(stream))
    {
        binaryWriter.Write(mMissionArchiveItemList.Count);  //当前组件数
        for (int i = 0, iMax = mMissionArchiveItemList.Count; i < iMax; i++)
        {
            var item = mMissionArchiveItemList[i];
            using (var archiveItemStream = new MemoryStream())//组件的内存流
            {
                using (var archiveItemStreamWriter = new BinaryWriter
(archiveItemStream))
                {
                    item.OnSerialize(archiveItemStreamWriter);   //序列化事件
```

```
                    var bytes = archiveItemStream.ToArray();
                    binaryWriter.Write(item.Guid);          //写入 ID
                    binaryWriter.Write(bytes.Length);
                    binaryWriter.Write(bytes);               //写入字节
                }
            }
        }
    }
}
```

这样，一个基本的关卡序列化流程就完成了。但若在项目中使用仍然会有一些问题，因为有一些组件在默认状态下是隐藏的，不会触发 Awake 事件，这就导致无法在场景初始化后注册到管理器中。不过我们可以写一个收集器来解决此问题。

收集器可通过 List 字段存储所有静态置于场景内的组件，由于在编辑器下绑定了场景存储的回调事件，所以在操作中会自动进行收集。

```
[UnityEditor.InitializeOnLoad]                  //指定启动时自动运行
public class MissionArchiveCollector_Initialization
{
    static MissionArchiveCollector_Initialization()
    {
        UnityEditor.SceneManagement.EditorSceneManager.sceneSaving += Scene
SavingCallback;                                //场景存储回调
    }
    //场景存储回调函数
    public static void SceneSavingCallback(Scene scene, string scenePath)
    {
        var rootGameObjects = scene.GetRootGameObjects();
        var archiveCollectorGO = rootGameObjects.FirstOrDefault(m => m.
GetComponentInChildren<MissionArchiveCollector>());
        if (archiveCollectorGO == null) return; //没有找到收集器，跳出
        var archiveItemArray = rootGameObjects
            .SelectMany(m => m.GetComponentsInChildren<IMissionArchiveItem>
(true)).ToArray();
        var archiveCollector = archiveCollectorGO.GetComponentInChildren
<MissionArchiveCollector>();                //拿到收集器组件
        for (int i = 0; i < archiveItemArray.Length; i++)
        {
            var currentArchiveItem = archiveItemArray[i];
            var currentArchiveItemMono = currentArchiveItem as MonoBehaviour;
            if(!archiveCollector.missionArchiveItemsList.Contains
(currentArchiveItemMono))
//收集到列表
archiveCollector.missionArchiveItemsList.Add(currentArchiveItemMono);
        }
    }
}
public class MissionArchiveCollector : MonoBehaviour    //收集器 Mono 类
{
    public List<MonoBehaviour> missionArchiveItemsList = new List<MonoBehaviour>();
    void Awake()
    {
```

```
        for (int i = 0, iMax = missionArchiveItemsList.Count; i < iMax; i++)
        {
            var item = missionArchiveItemsList[i] as IMissionArchiveItem;
            //注册组件
            MissionArchiveManager.Instance.RegistMissionArchiveItem(item);
        }
    }
    void OnDestroy()
    {
        for (int i = 0, iMax = missionArchiveItemsList.Count; i < iMax; i++)
        {
            var item = missionArchiveItemsList[i] as IMissionArchiveItem;
            //反注册组件
            MissionArchiveManager.Instance.UnregistMissionArchiveItem(item);
        }
    }
}
```

这样，只需要在不同场景内放置一个收集器组件，便可对静态对象的管理器注册操作交给收集器即可。

注意，这里的实现方式并不包含关卡的场景名称或者加载逻辑等内容，但包含了关卡序列化的必要步骤。读者可以进一步加以扩展，整合到自己的项目中。

5.2.5　战斗壁障的实现

在动作游戏的战斗中，为了防止玩家跑到战斗以外的区域，常使用空气墙的方式以阻挡玩家行径，如图 5.9 所示。这里借助 5.2 节中的 SpawnPoint 来实现一个战斗壁障的功能。

图 5.9　游戏中的战斗壁障效果

这类壁障常带有一些动画效果，类似于动漫中常出现的结界特效。但由于设置壁障的墙壁区域并不一致，这时就会导致壁障的贴图过宽以至于拉伸而影响画面效果。

对于拉伸的问题有两种方法可以解决，一是在 C#脚本部分根据壁障面片的宽度动态地缩放 UV，使其达到自适应；另一种方式是在 Shader 里直接拿到世界坐标进行处理。这里以第一种方式为例进行编写。

做法是首先拿到 MeshFilter 的 Mesh 数据，缓存初始 UV，然后按照缩放值与预设的最大值计算出一个比值，在每帧中给 UV 乘以比值来进行更新，这部分逻辑可以写入单独的脚本中，代码如下：

```
public class MeshUVAdjuster : MonoBehaviour
{
    public MeshFilter meshFilter;
    Mesh mCacheMesh;
    Vector2[] mCacheUvArray;
    void OnEnable()
    {
        MeshScaleCache();
    }
    void Update()
    {
        MeshScaleUpdate();
    }
    void MeshScaleCache()                    //缓存初始 UV
    {
        mCacheMesh = meshFilter.mesh;
        var meshUv = mCacheMesh.uv;
        mCacheUvArray = new Vector2[meshUv.Length];
        for (int i = 0; i < meshUv.Length; i++)
            mCacheUvArray[i] = meshUv[i];
    }
    void MeshScaleUpdate()                   //将 UV 按照缩放值赋予相应比例
    {
        const float MAX_X_SCALE = 5f;
        var scaleRatio = transform.lossyScale.x / MAX_X_SCALE;
        var uv = mCacheMesh.uv;
        for (int i = 0; i < uv.Length; i++)
            uv[i].x = mCacheUvArray[i].x * scaleRatio;
        mCacheMesh.uv = uv;
    }
}
```

将脚本挂载于战斗壁障所使用的面片上即可进行自适应的 UV 缩放，测试效果如图 5.10 所示。

图 5.10　战斗壁障 UV 修正测试

这样可对不同宽度的区域设置壁障，且不会造成壁障贴图扭曲。接下来要开始对敌人 SpawnPoint 进行监听，以确认所有敌人死亡后再让壁障消失。

对于壁障淡入淡出的逻辑，则划分到另一个脚本当中。

```
public class BattleBarrierPlane : MonoBehaviour
{
    public void Show(){//...}
    public void Fade(){//...}
}
```

接下来是壁障自身的脚本逻辑。

```
public class BattleBarrier : MonoBehaviour
{
    public SpawnPoint[] listenSpawnPoints;        //监听的 SpawnPoint
    public BattleBarrierPlane[] barrierPlanes;    //战斗壁障平面
    bool mIsTrigger;                              //触发状态标记
    void Update()
    {
        if (!mIsTrigger) return;
        var flag = true;
        for (int i = 0; i < listenSpawnPoints.Length; i++)
        {
            if (listenSpawnPoints[i].SpawnedGO != null)
            {
                flag = false;
                break;
            }
        }//检测怪物是否全部死亡
        if (flag)
        {
            for (int i = 0; i < barrierPlanes.Length; i++)
                barrierPlanes[i].Fade();          //壁障平面淡出
            enabled = false;                      //关闭脚本自身
        }
```

```
    }
    void OnTriggerEnter(Collider other)
    {
        const string PLAYER = "Player";
        if (!other.CompareTag(PLAYER)) return;        //非玩家触发则跳出
        if (mIsTrigger) return;
        for (int i = 0; i < barrierPlanes.Length; i++)  //触发壁障显示
            barrierPlanes[i].Show();
        mIsTrigger = true;
    }
}
```

使用碰撞框检测玩家是否进入，进入后遍历监听的 SpawnPoint 来检测怪物是否全部消灭，并在消灭后执行淡出逻辑。

5.3　光照与烘焙

在前面的章节中对关卡的常用功能进行了讲解。在关卡开发中仍然有一项较为耗时的工作就是光照烘焙，合理的配置可以大大降低烘焙时间，从而省出更多的时间，以进行主要工作的开发。虽然它可能更属于美术层面的内容，但出于对其重要性的考虑，本节将会挑选重点部分对烘焙中的内容进行概括性的介绍。

5.3.1　不同 GI 类型的选择

GI（Global Illumination）全局光照明，通常指在真实环境中的光线照射效果。光源被发射出后经无数次的反射与弹射，最后演绎为真实的自然光。

在游戏引擎中，有多种解决方案可以间接地达到 GI 效果。例如，常见的 Lightmap 烘焙光照，或存储间接光照信息的预计算全局光照 PRGI（Precompute Realtime GI），如图 5.11 所示。它们在达到逼真光线效果的同时又存在着各种不足，如无法适应昼夜切换或者需区分静态物体等。

图 5.11　左-传统虚拟灯光；右-预计算全局光照

在较新版本的 Unity 中，光照烘焙被分为两大类，即 Realtime Lighting（实时光照）与 Mixed Lighting（混合光照）。对于需要动态光照并且最好是非移动平台的游戏，如有昼夜切换之类的效果，建议使用实时光照烘焙方案，也就是使用 Enlighten 的预计算光照。而对于传统手机端游戏或没有动态光照需求的游戏，则可以使用混合光照，且在混合光照下可以融入一定程度的实时阴影等内容。虽然 Unity 也提供了同时勾选两种光照模式的选项，但在一般情况下不建议两者都开启。

5.3.2　预计算光照的使用

预计算全局光照是较为常见的烘焙模式，这里将介绍它的使用。首先选择 Window | Rendering | Lighting Settings 命令，找到光照烘焙面板，在 Realtime Lighting 选项中勾选 Realtime Global Illumination，如图 5.12 所示。

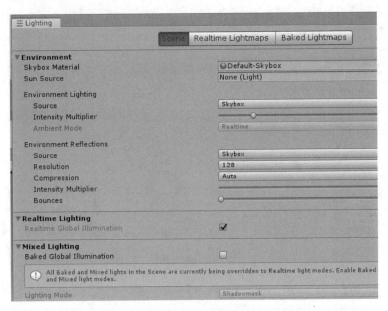

图 5.12　Lighting 面板设置

随后在 Lightmapping Settings 选项中对其进行参数设置，将需要烘焙的物体标记为静态，最后单击 Generate Lighting 按钮执行生成。对于间接光照的烘焙总结有如下几点：

- 间接光强度调节：可以直接修改 Indirect Intensity、Albedo Boost 属性。
- 光照参数设置：在光照面板中可以修改 Lightmap Parameters 以进行整体调节，在场景视图中可以打开 Clustering 通道进行查看，也可以给特殊物体设置指定的参数。对于一些非常大的静态物件在烘焙时需进行隐藏处理。

- 性能影响：过于密集的 Clustering 会对运行时的性能造成影响。此外，设置 Directional Mode 为非方向性在牺牲一些表现效果的同时，提高性能且节省一定的内存占用。
- 自发光：Emission 自发光虽然被标记为实时的，这只能针对静态物体，但允许动态修改自发光强度与颜色。

5.3.3　光照探针的使用

在不同烘焙方案中，光照探针（Light Probe）存储的信息也不一样。在预计算光照中，光照探针存储间接光照与预计算光照信息。

通过分布光照探针，动态对象也可以获得预计算光照信息，但这只能达到一定程度的还原。除了如角色类的常规动态对象，还可以将一些静态的小物件标记为动态并受探针影响，这样以提高烘焙效率。

使用光照探针需要添加光照探针组（Light Probe Group）组件，它可以用来在场景中创建与编辑光照探针，如图 5.13 所示。

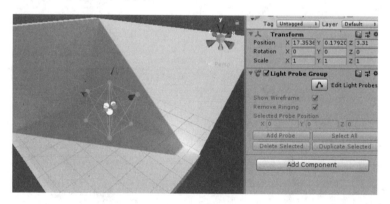

图 5.13　光照探针

光照探针编辑好之后再单击烘焙即可。对于光照探针的编辑，可以自行编写工具脚本以辅助编辑，只需要将位置信息传入到 Light Probe Group 的位置数组即可。

```
var customLightProbePositions = new Vector3[n];
//...
lightProbeGroup.probePositions = customLightProbePositions;
```

一般建议将光照探针放置于光线变化处，而对于开阔区域，则可放置较少的光照探针。

5.3.4　反射探针简要介绍

除了光照探针，对于反射内容较多的场景还需要放置一些反射探针。在脚本上挂载

Reflection Probe 组件即可添加反射探针，如图 5.14 所示。

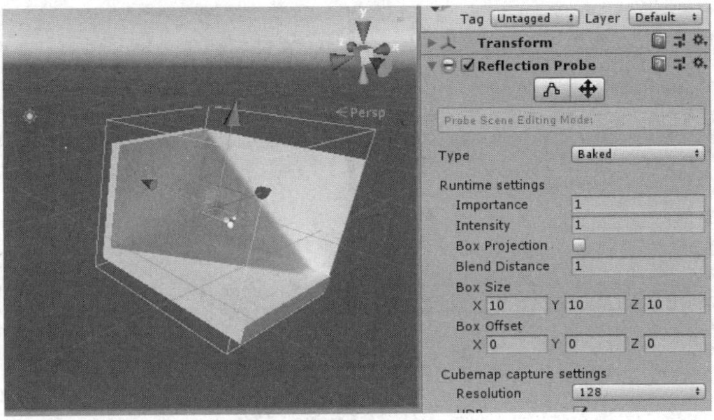

图 5.14　反射探针的创建

对于反射探针，这里总结如下：

- 探针类型：通常将探针设置为烘焙类型。实时类型的探针开销非常高，可考虑屏幕空间反射等。如果一定有需求，则使用可以参照平面反射的做法，在渲染前临时替换一些反射材质。
- Box Projection：开启 Box Projection 可以更好地模拟物体倒影，若不开启反射，则更接近于反射环境内容。但若需要精准的倒影反射，则可以使用平面反射的方式。
- 多反射混合：当多个反射探针同时作用于一个区域时往往会得到混合结果，若想准确地使用某个反射探针的内容，则可以修改 MeshRenderer 的锚点位置。

5.3.5　借助 LPPV 优化烘焙

在使用光照探针给动态物体传递光照信息时，一些较大的物体无法达到很好的表现效果。Unity 提供了 LPPV（Light Probe Proxy Volume）工具脚本处理这类问题。如图 5.15 所示，左侧为光照探针，右侧为添加 LPPV 的效果。

图 5.15　LPPV 在《核心重铸》（ReCore）中的表现

使用 LPPV 需要给创建的对象挂载该组件，并对 Renderer 进行指定，如图 5.16 所示。

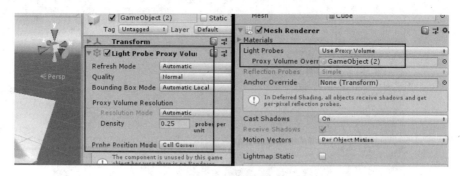

图 5.16　LPPV 的设置

　　一般而言，对于较大的动态物件可使用 LPPV，但过多的使用也会产生一定的性能开销。根据官方测试，每 64 个内插光探针的计算大概需要 0.15ms 的 CPU 运算（i7-4Ghz），所以建议对相机画面占比较大的物体进行使用。

第6章 战斗部分深入解析

战斗部分是动作游戏较为核心的一个部分。主角的招式、主武器、敌人的设计等都会在这个部分充分展现，而动画、打击感、操控等这些硬指标也会在这部分中充分展现。从程序层面上来说，这一部分最依赖的模块当属角色、战斗系统和 AI 这三种模块了。

角色部分负责战斗的跳跃、位移等状态的传递与处理；战斗系统部分负责伤害及状态的附加；AI 部分则需要处理同阵营之间的信息传递等。

6.1 角色模块

在战斗中，通常封装一些角色在运动上的共有逻辑，如移动状态、跳跃逻辑等，这类组件一般被称为 Motor。除此之外，角色在 Animator 动画组件上的各项处理也会影响战斗体验。在本节中将会对这些内容进行讲解。

6.1.1 Motor 组件的设计

Motor 类组件主要负责运动上的逻辑处理，包括 Unity 早期 Demo AngryBots 中就大量使用了 Motor 组件。这里将编写一段角色为 Motor 组件的示例，它的基本功能如图 6.1 所示。

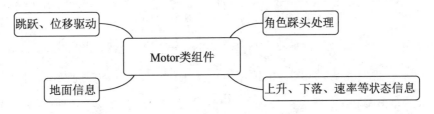

图 6.1　Motor 类组件的基本功能

（1）首先给出 Motor 类的定义，这里将其命名为 CharacterMotor，它主要对角色的运动相关逻辑进行封装。然后来处理状态操作，Motor 中需要得到上升、下降以及是否在地面等可叠加的几种状态，所以采用 Mask 来存放状态信息。

```
public class CharacterMotor : MonoBehaviour
{
    const int INVALID = -1;
    const int RIGISING_STATE = 1;                      //上升状态常量
    const int FALLING_STATE = 2;                       //下降状态常量
    const int MOVING_STATE = 4;                        //移动状态常量
    const int ON_GROUND_STATE = 8;                     //地面状态常量
    int mInternalState;
    public bool IsMoving { get { return (mInternalState & MOVING_STATE) ==
MOVING_STATE; } }                                      //是否处于移动
    public bool IsRising { get { return (mInternalState & RIGISING_STATE)
== RIGISING_STATE; } }                                 //是否处于上升
    public bool IsFalling { get { return (mInternalState & FALLING_STATE)
== FALLING_STATE; } }                                  //是否处于下降
    public bool IsOnGround { get { return (mInternalState & ON_GROUND_STATE)
== ON_GROUND_STATE; } }                                //是否在地面
}
```

（2）接下来开始检测是否在地面的逻辑，这在之前的章节中也介绍过。先定义几个相关的成员变量。

```
public LayerMask groundLayerMask;
RaycastHit mGroundRaycastHit;                          //当前帧的投射信息
public Transform[] footPoints;                         //地面检测点
public RaycastHit GroundRaycastHit { get { return mGroundRaycastHit; } }
public event Action OnGroundRaycastHited;              //碰到地面的回调
```

通过缓存地面检测的射线以便重复利用，检测的函数如下：

```
public void UpdateGroundDetection()                    //更新地面检测
{
    const float GROUND_DETECTE_LEN = 0.5f;             //地面线段检测长度
    var downAxis = Physics.gravity.normalized;         //垂直向下方向
    mInternalState = mInternalState & (~ON_GROUND_STATE);   //重置地面状态
    for (int i = 0; i < footPoints.Length; i++)        //footPoints是脚部检测点
    {
        var raycastHit = default(RaycastHit);
        if (Physics.Raycast(new Ray(footPoints[i].position, downAxis), out
raycastHit, GROUND_DETECTE_LEN, groundLayerMask))
        {
            mInternalState |= ON_GROUND_STATE;         //设置地面状态
            mGroundRaycastHit = raycastHit;            //缓存 hit 信息
            if (OnGroundRaycastHited != null)          //触碰地面回调
                OnGroundRaycastHited();
            break;
        }
    }
}
```

由上述代码可知，首先重置地面检测状态，然后遍历监测点以进行遍历检测。

（3）继续增加上升与下降状态的检测。它需要创建一个成员变量以缓存上一帧的坐标。

```
Vector3? mLastPosition;                                //可空类型存放上一帧坐标
```

函数体部分，比较上一帧位置得到速率，并根据速率获知当前是处于上升还是下落状态。

```
public void UpdateMovingStateDetect()
{
    const float MOVING_EPS = 0.0001f;
    var upAxis = Physics.gravity.normalized;       //垂直向上方向
    mInternalState = mInternalState & (~MOVING_STATE);
    mInternalState = mInternalState & (~RIGISING_STATE);
    mInternalState = mInternalState & (~FALLING_STATE);    //状态重置
    var velocity = transform.position - mLastPosition.GetValueOrDefault
(transform.position);
    if (velocity.magnitude > MOVING_EPS)           //移动速率大于误差，说明在移动
    {
        mInternalState |= MOVING_STATE;
        var pitchValue = Vector3.Dot(velocity, upAxis);    //垂直方向投影
        //大于 0 是上升状态
        if (pitchValue > 0) mInternalState |= RIGISING_STATE;
        //小于 0 是下降状态
        else if (pitchValue < 0) mInternalState |= FALLING_STATE;
    }
    mLastPosition = transform.position;            //缓存上次坐标
}
```

（4）最后添加一个简单的调试功能，这里在 IMGUI 中进行调试。首先添加一个开关
来控制调试内容是否开启。

```
public bool isDebug;
```

使用 GUILayout 在 OnGUI 事件函数中绘制调试控件。

```
void OnGUI()
{
    if (!isDebug) return;                          //非调试状态则跳出
    //在屏幕中打印调试内容
    GUILayout.Box("IsMoving: " + IsMoving);
    GUILayout.Box("IsRising: " + IsRising);
    GUILayout.Box("IsFalling: " + IsFalling);
    GUILayout.Box("IsOnGround: " + IsOnGround);
}
```

完成后即可调试 Character Motor 检测到的各种状态，如图 6.2 所示。

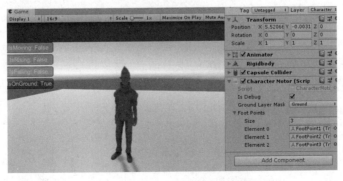

图 6.2　Motor 组件挂载示意图

将这些运动逻辑封装进 Motor，以便可以更好地拆分脚本功能。此外，Motor 组件还可以整合跳跃、位移等触发函数。

6.1.2　动画事件的处理

动画事件被配置在动画剪辑（AnimationClip）的某个时间点上，当动画播放到这个时间点时即自动触发该事件。对于伤害框特效等内容的触发，都可以使用动画事件去实现，角色的技能释放等都依赖于动画事件。

一般在配置动画事件时会给事件设置一个 int 类型参数，以便在回调函数处理时根据配置信息实例化对应的预制体。这里将编写一个简单的例子来演示。

（1）首先创建一个带有 int 类型参数签名的函数与类，它可以接收动画事件。

```
public class AnimationEventReceiver : MonoBehaviour
{
    void AnimationEventTrigger(int id)//接收动画事件绑定函数
    {
    }
}
```

（2）将其挂载至对应的 GameObject 上，并在 Unity 的动画面板中对其进行绑定，如图 6.3 所示。

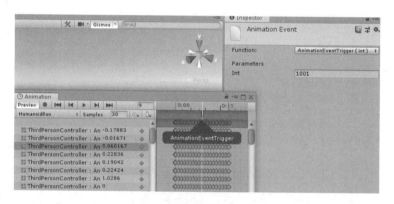

图 6.3　动画事件的创建与绑定

（3）有了 ID 号就可以配置与之对应的映射信息，这里创建一个继承自 ScriptableObject 的类，以配置动画事件信息。

```
[CreateAssetMenu(fileName = "AnimationEventConfigurator", menuName =
"YourProjName/AnimationEventConfigurator")]
public class AnimationEventConfigurator : ScriptableObject
{
    [Serializable]
    public class CategoryInfo                  //使用分类便于配置
```

```
    {
        public string category;
        public List<AnimationEventItem> animationEventInfoList = new
    List<AnimationEventItem>();
    }
    [Serializable]
    public class AnimationEventItem                //动画事件实例信息
    {
        public int id;
        public string resourcePath;                //资源路径
        public Vector3 positionOffset;
        public Vector3 rotateOffset;
    }
    public CategoryInfo[] categoryInfoArray;
}
```

通过 AnimationEventConfigurator 动画事件配置脚本，可以将动画事件对应的 ID 配置放入其中。使用 CategoryInfo 结构是为了便于分类与管理。

在层级面板中配置好后的结果如图 6.4 所示。

（4）为了便于实例化，这里创建一个配置脚本内的静态函数，以便根据 ID 号实例化对应物件。

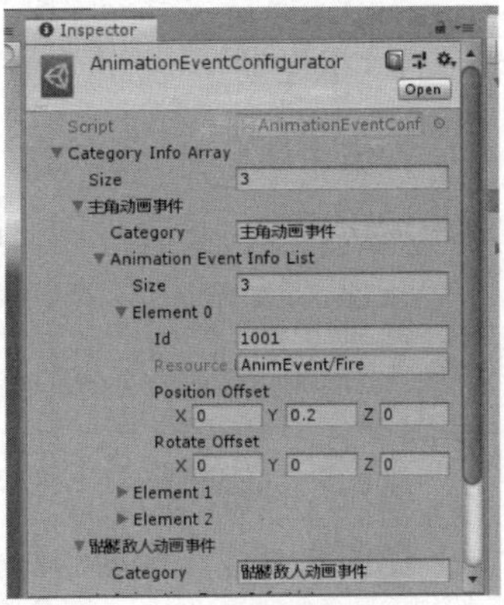

图 6.4　动画事件配置

```
public static GameObject InstantiateAnimation
EventItem(GameObject sender, int id)
{
    const string CONF_RES_PATH = "AnimationEvent
Configurator";                                //配置路径
    var conf = Resources.Load<AnimationEvent
Configurator>(CONF_RES_PATH);                 //获取配置
    for (int i = 0; i < conf.categoryInfoArray.Length; i++)
    {
        var categoryItem = conf.categoryInfoArray[i];
        for (int j = 0, jMax = categoryItem.animationEventInfoList.Count;
j < jMax; j++)                                //获取事件
        {
            var eventItem = categoryItem.animationEventInfoList[j];
            if (eventItem.id == id)  //比较 ID
            {
                var instantiateGO = Instantiate(Resources.Load<GameObject>
(eventItem.resourcePath), sender.transform.position, sender.transform.rotation);
                //设置偏移
                instantiateGO.transform.localPosition += eventItem.positionOffset;
                instantiateGO.transform.localEulerAngles += eventItem.
rotateOffset;
                return instantiateGO;
            }
        }
    }
    return null;
}
```

具体的路径可根据项目配置填写。接下来回到动画事件的触发处去调用它。

```
void AnimationEventTrigger(int id)
{
    AnimationEventConfigurator.InstantiateAnimationEventItem(gameObject, id);
}
```

这样就完成了简单的动画事件的配置与绑定。

6.1.3　Animator 常见问题整理

在角色逻辑的编写中免不了会与 Animator 组件打交道，它属于 Mecanim 动画系统，在 Unity 4.0 中被加入。本节将针对常用功能以及技巧进行讲解。

1．根运动

在第 3 章中对"根"运动的一些问题进行过介绍，在进行移动的时候常常需要另行控制根运动行为，这时可以使用 Unity 的内置事件 OnAnimatorMove。

```
void OnAnimatorMove()
{
    mRigidbody.velocity = mAnimator.deltaPosition;
}
```

另外一种常见的情形是，美术人员（如 3D 动画师）提供的"根"运动动画位置并不够精确，这时可以在模型对象的 Animation 页签下对根运动进行编辑，如图 6.5 所示。

Bake Into Pose 是指将根运动烘焙进动画，通常用于不带根位移的动画；Based Upon 指的是动画轴心位置，默认会有些预设值，但也可通过 Offset 参数自行调节；最右侧的 Loop match 标示了"根"运动动画是否循环匹配，一般含有根位移的部分都会以红灯标示。

最后再提一个关于根运动的问题。一般角色被浮空或进入跳跃状态后就不再受根运动控制了，我们可以用 SMB（State Machine Behaviour）脚本去实现这样的一个功能。SMB 脚本是一种可以挂载在 Animator 状态上的脚本，用它来实现只需要重写 OnStateMove 即可。

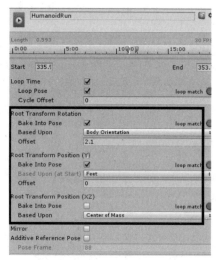

图 6.5　根运动设置面板

```
//SMB 脚本必须继承这个类
public class SMB_IgnoreRootMotion : StateMachineBehaviour
{
    public override void OnStateMove(Animator animator, AnimatorStateInfo
    stateInfo, int layerIndex)
```

```
    {
        //重写并不进行任何操作，即可忽略根运动
    }
}
```

这样再将脚本挂载到指定的状态上即可，如图 6.6 所示。

2．混合树

在具体开发中，混合树（Blend Tree）是一个很常用的概念。除了常规的动画混合之外，还可以用在"状态切换"上，例如，主角分为变身状态与常规状态，而它们又都有相似的状态机结构，那么可以将变身状态的动画与常规状态的动画连到一个混合树当中，并用一个 float 变量去驱动它们，如图 6.7 所示。

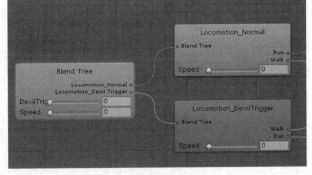

图 6.6　Animator 状态添加行为　　　　图 6.7　使用混合树区分状态

这样比用动画层、替换状态机等方法都要方便，只是混合树不支持 Animator 的布尔类型变量，所以只能用 Float 类型代替。

对于混合树的常规使用，网络上有大量资料可以查阅，这里不做太多介绍。不过需要注意的是，相对单一动画剪辑的快速到位，混合树在编辑上会占用更多时间，具体使用单一动画还是混合树，需在时间上进行取舍。

3．状态切换与更新

通常我们通过修改 Animator 变量进行状态传递，但也有一些情况需要手动进行状态跳转或者获取当前状态的动画进度百分比。这时可以手动调用 Animator.Update 进行更新。

```
animator.SetBool("Roll", true);
animator.Update(0f);                    //强制更新 Animator
//animator.GetBoneTransform(HumanBodyBones.LeftHand)
//...
```

对上述代码获取手动更新后的骨骼位置进行进一步操作。**Animator** 的 **Update** 函数在处理一些逻辑时非常有用。注意，在 SMB（State Machine Behaviour）中这么做会导致死循环，应当避免。

这里再注意下另一个问题，在播放一些受击动画时，假如不进行特殊设置，则角色在连续受击时会出现播放问题，新的动画并不会覆盖旧的动画，表现为仅播放一次受击动画。在早期的版本中通常使用脚本驱动的方式去解决。

```
animator.Play("Hit", 0, 0f);                    //指定第三个参数
```

当指定第三个参数播放时间后，当前的播放会覆盖之前播放的剪辑。还有一种方式是在 Animator 状态机中进行配置，我们可以添加一个 Hit（受击）状态到自身的 Transition（传递），以随时覆盖旧的动画播放。配合 Unity 在新版本中加入的 Interruption Source（打断源），即可在任意时刻准确播放受击的动画片段，如图 6.8 所示。

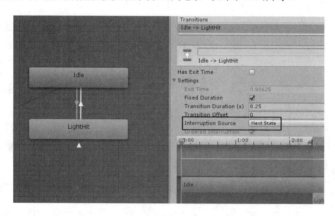

图 6.8 动画面板打断设置

Interruption Source 主要控制状态机在 Transition 时的状态打断行为，当设置为 Next State 时，即为根据目标动画状态的 Transition 信息进行打断判断，从而准确播放受击动画。

6.2 设计一个可扩展的战斗系统

在欧美动作游戏中，战斗也许并不是非常重要的一个部分，更多的是用剧情演出与特殊关卡的衬托来丰富动作游戏的动作感，如载具关卡、逃脱关卡等。而对于日式动作游戏，它们对动作感的体现在很大程度上来源于战斗部分，如《鬼泣》系列的"空中杂耍"等。

不论是什么类型的动作游戏，我们应当从可扩展性的角度去思考战斗系统的编写，这样才能满足不同功能的不断集成。本节将进行深入的讲解。

6.2.1　基础战斗框架编写

通常伤害、属性状态等信息存放在战斗信息的结构体里，在触发动画事件后将战斗信息发送给受攻击者。我们可以结合 Unity 的碰撞事件，在产生碰撞后获取相应的战斗信息，而不是主动将战斗信息发送给对方，这对于后期受击判定调试有一定的帮助。如图 6.9 所示，左侧为传统的直接发送攻击信息的方式，右侧为碰撞时被动获取攻击信息的方式。

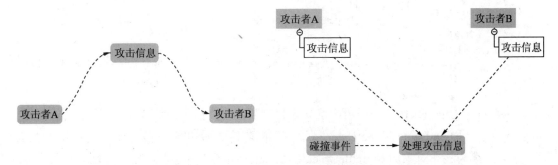

图 6.9　战斗状态传递示意图

（1）我们将战斗对象的基础类命名为 BattleObject，它继承自 MonoBehaviour。

```
public class BattleObject : MonoBehaviour
{
    void OnTriggerEnter(Collider collider)              //碰撞触发
    {
        var otherBattleObject = collider.transform.GetComponent<BattleObject>();
        //过滤掉没有挂载 BattleObject 的对象
        if (otherBattleObject == null) return;
        //具体逻辑操作（暂时先省略）
    }
}
```

（2）接下来为战斗对象（BattleObject）加入阵营与战斗回调事件，不同阵营（Faction）的单位会收到伤害信息，对于更复杂的情况还可以继续针对阵营增加二维表等，这里只做简单的布尔判断，并且只针对玩家和敌人阵营。首先加入阵营常量表：

```
public static class EasyFactionConst
{
    public const int PLAYER = 1;              //玩家
    public const int ENEMY = 2;               //敌人
}
```

（3）然后对之前的脚本进行扩展：

```
public class BattleObject : MonoBehaviour
{
    public int faction = EasyFactionConst.PLAYER;
```

```
//接触到其他阵营
public event Action<BattleObject, BattleObject> OnContactOtherFaction;
//常规碰撞回调
public event Action<BattleObject, BattleObject> OnBattleTriggerEnter;
void OnTriggerEnter(Collider collider)
{
    var otherBattleObject = collider.transform.GetComponent<BattleObject>();
    if (otherBattleObject == null) return;                //战斗对象过滤
    if (otherBattleObject.faction != faction)
    {
        if (OnContactOtherFaction != null)
        //接触到其他阵营
        OnContactOtherFaction(this, otherBattleObject);
    }
    if (OnBattleTriggerEnter != null)
        OnBattleTriggerEnter(this, otherBattleObject);   //常规进入回调
}
```

OnContactOtherFaction 回调用于确认伤害判断，一些伤害信息或冰冻、燃烧等状态也可以绑定它。而 OnBattleTriggerEnter 用于处理同阵营的 Buff 等，是一个基础回调事件。

（4）继续为战斗对象加入 BattleObjectComponent 组件，它与战斗对象之间是聚合关系，如图 6.10 所示。如燃烧、冰冻或僵直等效果都可以通过挂载不同的组件来实现。

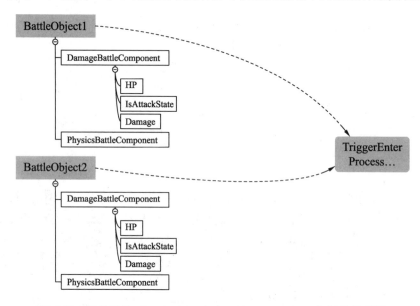

图 6.10 战斗对象（BattleObject）与 BattleComponent 之间的关系图

来看一下它的定义：

```
public abstract class BattleObjectComponentBase : MonoBehaviour
{
    protected BattleObject mBattleObject;
```

```
public virtual void Initialization(BattleObject battleObject)//初始化
{
    mBattleObject = battleObject;
}
}
```

在 Initialization 初始化处可以为战斗对象绑定回调。接下来修改战斗对象 BattleObject 的逻辑并将其加入。

```
public class BattleObject : MonoBehaviour
{
    [SerializeField]
    BattleObjectComponentBase[] battleObjectComponents = new BattleObject
ComponentBase[0];
    //省略回调与阵营部分的定义
    public T GetBattleObjectComponent<T>()          //获取战斗对象组件
        where T : BattleObjectComponentBase
    {
        var result = default(T);
        for (int i = 0; i < battleObjectComponents.Length; i++)
        {
            var item = battleObjectComponents[i];
            if (item.GetType() == typeof(T))          //匹配对应类型
            {
                result = item as T;
                break;
            }
        }
        return result;
    }
    protected virtual void Awake()
    {
        for (int i = 0; i < battleObjectComponents.Length; i++)
            //初始化战斗对象组件
            battleObjectComponents[i].Initialization(this);
    }
    //省略回调与阵营部分函数
}
```

这样就可以挂载不同类型的战斗对象组件进行组合，通过扩展可以实现如受击硬直、火焰灼烧或冰冻效果、不同级别的受击动作、受击后面向攻击者还是背对攻击者等，而基础框架只负责碰撞者之间的信息传递。

下一节将开始编写伤害战斗组件，同时进行一些实际应用的操作。

6.2.2 添加伤害传递逻辑

（1）我们也可将伤害传递看作一个战斗组件，它还包含了 HP 信息及受击、死亡等常规事件的回调。

```
public class DamageBattleComponent : BattleObjectComponentBase
{
    public int hp;                          //生命值
    public bool isAttackState;              //是否为攻击状态
    public int toEnemyDamage;               //给予敌人伤害
public bool godMode;                        //上帝模式

    //初始化函数
    public override void Initialization(BattleObject battleObject)
    {
        base.Initialization(battleObject);
        battleObject.OnContactOtherFaction += OnContactOtherFactionCallback;
    }
    //接触不同阵营后的处理
    void OnContactOtherFactionCallback(BattleObject sender, BattleObject
other)
    {
        var anotherDamageComponent = other.GetBattleObjectComponent
<DamageBattleComponent>();
        if(anotherDamageComponent!=null)
        {
            //...
        }
    }
}
```

伤害战斗组件（DamageBattleComponent）继承自 BattleObjectComponentBase 基类，其定义在上一节中有说明，这样就可以绑定到 BattleObject 中并自动触发初始化函数。因为是被动获取战斗信息，所以提供了一个 isAttackState 字段来判断是否为攻击状态，若为攻击状态，则读取 toEnemyDamage 字段处理扣除逻辑。此外还针对特殊情况提供一个 godMode 的无敌模式，它在游戏内的一些 Buff（增益效果）附着或当编辑器调试时会用到。

（2）准备开始编写伤害处理逻辑，在敌方触发 HP 扣除时还会有一系列回调函数被触发。先来定义一下这类回调。

```
public class DamageBattleComponent : BattleObjectComponentBase
{
    //省略部分代码
    public event Action<BattleObject, int, int> OnHPChanged;//HP 改变事件
    public event Action<BattleObject> OnDied;                //死亡事件
    public event Action<BattleObject, BattleObject, int> OnHurt;//受伤事件
    //攻击成功事件
    public event Action<BattleObject, BattleObject> OnAttackCompleted;
    public event Action<BattleObject, BattleObject> OnKilled; //击杀事件
    //省略部分代码
```

此处一共添加了 5 个回调事件，攻击特效、伤害碰撞等的触发都可以通过这些回调将其实例化，这些回调事件在伤害逻辑中，大致如图 6.11 所示。

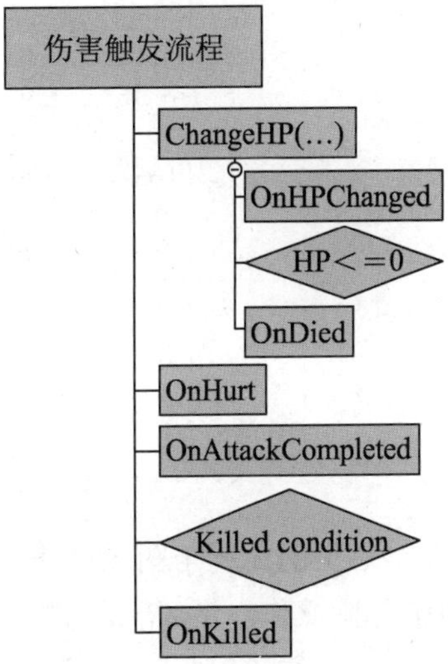

触发伤害后首先进行改变 HP 的处理，它们在 ChangeHP 函数中，接下来敌方会触发 OnHurt 受伤事件以及己方的 OnAttackCompleted 攻击成功事件。若敌方改变 HP 后变为死亡状态，则会触发己方的 OnKilled 击杀成功事件。

看一下 ChangeHP 的函数逻辑。

```
gpublic class DamageBattleComponent : BattleObject
ComponentBase
{
    //省略部分代码
    bool mIsDied;              //标记是否死亡
    public void ChangeHP(int newHP) //改变 HP
    {
        //新 HP 不能小于 0
        newHP = Math.Max(newHP, 0);
        if (hp == newHP) return;       //若 HP 无改变,则跳出
        if (OnHPChanged != null)
            OnHPChanged(mBattleObject, hp, newHP);   //HP 改变回调
        hp = newHP;
        if (hp <= 0 && !mIsDied)       //死亡检测
        {
            if (OnDied != null)        //死亡事件触发
                OnDied(mBattleObject);
            mIsDied = true;            //标记角色死亡
        }
    }
}
//省略部分代码
```

图 6.11　伤害触发流程

所有更改 HP 的操作都会经过 ChangeHP，所以将 HP 改变与死亡事件放置于伤害战斗组件的内部，便于进行角色死亡检测，对于确认死亡的角色设置 mIsDied 字段加以标记，以便进行后续复活等逻辑处理。

接着把 ChangeHP 函数带入伤害触发流程中，脚本如下：

```
//接触不同阵营后的处理
void OnContactOtherFactionCallback(BattleObject sender, BattleObject other)
{
    var anotherDamageComponent = other.GetBattleObjectComponent
<DamageBattleComponent>();
    if (anotherDamageComponent != null)
    {
        if (toEnemyDamage <= 0) return;                //若有伤害信息, 则跳出
        if (anotherDamageComponent.godMode) return; //为上帝模式, 则跳出
        var isAlive_Before = anotherDamageComponent.mIsDied;
        //扣血处理
```

```
        anotherDamageComponent.ChangeHP(anotherDamageComponent.hp - toEnemyDamage);
        var isAlive_After = !anotherDamageComponent.mIsDied;
        if (anotherDamageComponent.OnHurt != null)          //敌方触发受伤回调
            anotherDamageComponent.OnHurt(other, sender, toEnemyDamage);
        //己方触发攻击成功回调
        if (anotherDamageComponent.OnAttackCompleted != null)
            anotherDamageComponent.OnAttackCompleted(sender, other);
        if (isAlive_Before && isAlive_After)//若扣血之后死亡，则己方触发击杀回调
        {
            if (OnKilled != null)
                OnKilled(mBattleObject, other);
        }
    }
}
```

　　这里的流程与图 6.11 一致，首先对没有伤害信息的敌人进行跳出判断，随后开始进行
HP 扣除操作，并执行敌方受伤与攻击完成回调，若扣除 HP 后敌方死亡，则触发击杀回调。

　　（3）最后将脚本挂载至 GameObject 上，并加入 BattleObject 的 BattleObjectComponents
（战斗组件列表）中，至此伤害逻辑的编写结束。

6.2.3　配置伤害碰撞

　　在角色触发动画事件后，接收动画事件的脚本会实例化一个带有伤害信息的预制体，
它包含了带有伤害判定信息的碰撞框以及 BattleObject 组件，最后通过自销毁逻辑进行销
毁。一般将其配置在一个单独的预制体中，而碰撞外形可以自行组合，如图 6.12 所示。

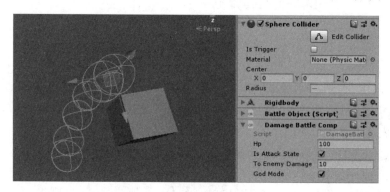

图 6.12　伤害碰撞框的配置

　　但实例化伤害碰撞还需要处理一下阵营修改逻辑，否则实例化的伤害碰撞就不可通
用。在之前的章节中介绍过动画事件的配置，这里对其进行扩展，以实现阵营随释放者自
动修改。

```
public class AnimationEventReceiver : MonoBehaviour
{
```

```
    public bool modifyFaction;                  //增加内容，是否修改阵营字段
    void AnimationEventTrigger(int id)
    {
        var go = AnimationEventConfigurator.InstantiateAnimationEventItem
(gameObject, id);
        if (go != null && modifyFaction)        //确认实例化出物件且需要修改阵营
        {
            //拿到实例化物的所有 BattleObject
            var battleObjects = go.GetComponentsInChildren<BattleObject>(true);
            //拿到释放者的阵营信息
            var selfFaction = GetComponent<BattleObject>().faction;
            for (int i = 0; i < battleObjects.Length; i++)   //遍历修改
                battleObjects[i].faction = selfFaction;
        }
    }
}
```

这里增加了一个字段，确认是否需要修改阵营。对于需要修改的 GameObject，获取其所有 BattleObject 组件并进行修改。

最后编写 DestroyThis 脚本处理自销毁逻辑。

```
public class DestroyThis : MonoBehaviour
{
    public float time;                          //销毁等待时间
    void OnEnable()
    {
        Destroy(gameObject, time);              //执行指定时间后销毁
    }
}
```

将这些脚本挂载于 GameObject 之上并进行配置，最后由动画事件驱动将其实例化，即可作为伤害碰撞使用。

6.2.4　僵直度组件的添加

硬直是动作游戏中的常见概念。一般有两种情况会产生硬直，一个是自身释放技能或攻击导致的滞后状态，属于攻击硬直；还有一种情况是被攻击后，敌人武器或技能携带的硬直效果导致自身受击动画的滞后状态，叫作受击硬直。

一般攻击武器或技能所携带的硬直信息叫作僵直度，我们可以使用战斗组件的扩展来实现角色的僵直度处理。代码如下：

```
public class HitStopBattleComponent : BattleObjectComponentBase
{
    public float toEnemyHitStopTime;                    //赋予敌人的僵直时间
    //进入僵直状态事件，参数为僵直时间
    public event Action<float> OnHitStopTriggered;
    //初始化函数
    public override void Initialization(BattleObject battleObject)
```

```
    {
        base.Initialization(battleObject);
        battleObject.OnContactOtherFaction += OnContactOtherFactionCallback;
    }
    //接触不同阵营后的处理
    void OnContactOtherFactionCallback(BattleObject sender, BattleObject other)
    {
        var anotherHitStopComponent = other.GetBattleObjectComponent
    <HitStopBattleComponent>();
        if (anotherHitStopComponent != null)
        {
            if (toEnemyHitStopTime <- 0) return;      //没有僵直信息，则跳出
            //触发僵直事件，并传入僵直时间
            if (anotherHitStopComponent.OnHitStopTriggered != null)
                anotherHitStopComponent.OnHitStopTriggered(toEnemyHitStopTime);
        }
    }
}
```

代码量本身比较少，主要负责传递僵直度字段。接下来编写一个和项目有一定耦合的脚本并进行处理。在之前的角色章节中提到过这部分逻辑，但没有系统化地整合到战斗系统中。

```
public class GenericHitStopProcess : MonoBehaviour
{
    public HitStopBattleComponent hitStopBattleComponent;
    public Animator animator;
    float mHitRecoverTimer;
    int mIsHitAnimatorHash;
    //是否处于硬直状态
    public bool HitStop { get { return mHitRecoverTimer > 0; } }
    void Awake()
    {
        hitStopBattleComponent.OnHitStopTriggered += OnHitStopTriggered;
        mIsHitAnimatorHash = Animator.StringToHash("IsHit");
    }
    void Update()
    {
        if (mHitRecoverTimer > 0)                //简易的硬直反馈
            animator.SetBool(mIsHitAnimatorHash, true);
        else
            animator.SetBool(mIsHitAnimatorHash, false);
        //硬直恢复
        mHitRecoverTimer = Mathf.Max(0f, mHitRecoverTimer - Time.deltaTime);
    }
    void OnHitStopTriggered(float hitStopValue)
    {
        //更新硬直时间
        mHitRecoverTimer = Mathf.Max(mHitRecoverTimer, hitStopValue);
    }
}
```

该脚本拿到僵直组件的触发回调，并更新硬直时间、动画等内容，最后将其挂载于

GameObject 上，并进行配置绑定即可，如图 6.13 所示。

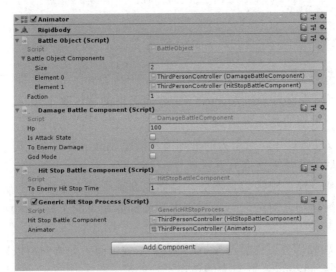

图 6.13　僵直度脚本配置

这样就完成了僵直度组件的配置，而对于由自身释放技能造成的硬直处理，应由其他脚本或组件部分进行实现。

6.2.5　浮空组件的添加

浮空是指将目标卧姿击至半空，再通过后续的浮空连段攻击使目标不会轻易下落。这种空中连段（AirCombo）的攻击方式大大加强了游戏的战斗体验及观赏性。

我们用战斗组件的扩展来实现敌人的浮空逻辑，不过这里将地面推力也并入了这个组件，并命名为 PhysicsBattleComponent，指物理状态的战斗组件。

（1）先定义浮空组件的类。

```
public class PhysicsBattleComponent : BattleObjectComponentBase
{
    public enum EType { Push, VerticalPush, AirPush, Max }
    public EType type;                       //力的类型
    public Vector3 forceValue;               //力的值
    //初始化函数
    public override void Initialization(BattleObject battleObject)
    {
        base.Initialization(battleObject);
        battleObject.OnContactOtherFaction += OnContactOtherFactionCallback;
    }
    void OnContactOtherFactionCallback(BattleObject sender, BattleObject
other)                                       //接触不同阵营后的处理
```

```
    {
        var anotherPhysicsBattleComponent = other.GetBattleObjectComponent
<PhysicsBattleComponent>();
        //...
    }
}
```

（2）接下来划分力的类型并定义枚举。枚举中将力分为三类，即 Push（平地推）、VerticalPush（y 方向垂直力）和 AirPush（包含全方向的常规吹飞），其中 Max 为默认值。动画中对于这三种类别的处理分别如下：

- Push：播放动画即可，对于力的处理需要借助 Motor 类临时关闭根运动，默认的根运动会在后面的帧中使推力重置。
- VerticalPush：模型旋转信息不变，只需在动画中制作卧姿受击动作即可，并且需要修改碰撞体与之对应。一般需制作卧姿仰面朝上的上升与下落两个剪辑并进行混合。
- AirPush：动画部分可保持与 VerticalPush 一致，而力的方向可以是任意方向。

（3）编写函数 SetForce，并对力的传递进行处理。

```
public void SetForce(Vector3 forceVector, EType type)          //设置力的传入
{
    var upAxis = -Physics.gravity.normalized;
    switch (type)
    {
        case EType.Push:
            //消除 Y 轴力
            characterMotor.SetForce(Vector3.ProjectOnPlane(forceValue, upAxis));
            break;
        case EType.VerticalPush:
            //消除平面方向力
            characterMotor.SetForce(Vector3.Project(forceValue, upAxis));
            break;
        case EType.AirPush:
            characterMotor.SetForce(forceValue);          //直接将力赋予 Motor
            break;
    }
}
//接触不同阵营的处理
void OnContactOtherFactionCallback(BattleObject sender, BattleObject other)
{
    var anotherPhysicsBattleComponent = other.GetBattleObjectComponent
<PhysicsBattleComponent>();
    if (anotherPhysicsBattleComponent != null)
        anotherPhysicsBattleComponent.SetForce(forceValue, type); //传入力
}
```

处理受力的具体逻辑及动画在 Motor 类的 SetForce 函数中，Motor 类在之前的章节中有提及，主要处理角色运动相关的内容。而对于 SetForce 函数中受力的细节实现，开发者可以直接调用 Rigidbody（刚体对象）的速率（Velocity）接口或者增加动画曲线、加

速度变量等自行扩展和细化。

6.3　敌人 AI 的设计

本节讲解敌人 AI 设计的相关内容。在本节的前半部分将会对常见 AI 的类型及设计思路进行介绍；在中后部分将会对 AI 在战斗中的实际问题，如共享字段、随机行为等进行讲解，并针对插件或脚本的开发方式进行优劣上的分析。

6.3.1　AI 设计综述

敌人 AI 的编写是战斗环节中重要的一部分。在笔者之前经历的项目中，敌人 AI 的编写工作是由一个策划与一个 AI 程序员共同负责并完成的。在开始之前，我们需要思考几点。

- 基础行为逻辑：怪物是普通人形敌人还是以特殊方式移动的敌人？人形敌人通常会挥动武器攻击，而浮游生物则可能会钻入地面或墙壁内进行突进攻击。那么它的故事背景是怎样的？设计方向是否体现了它的背景设定？又是否符合它的美术设计？
- 在战斗中的角色定位：怪物作为精英敌人还是常规敌人出现？对玩家的威胁性如何？是偏战斗还是偏敏捷类的敌人？不同的类型定位会影响到后期在关卡中的组合搭配。
- 特殊行为：特殊能力可以使战斗不显得那么千遍一律，设计一些只是外观不同而行为相似的敌人是不可取的。我们可以给怪物添加一些特殊能力，比如在出现一定时间后就会进入高频攻击的狂暴模式，或者出现有护甲与战斗两种型态的敌人等。特殊行为可以改变玩家的作战策略，以提升不同怪物组合的新鲜感，并且使游戏更为精良。

当确立了 AI 的设计方向，就可以着手编写或编辑工作。对于常规敌人的 AI 设计，这里有一个针对 Hack&Slash 类动作游戏的常用模板进行参照，如图 6.14 所示。

在图 6.14 中表明了行为大意。首先将怪物 AI 分为主动状态与被动状态，在行为树中这些状态间存在打断处理。被动状态（Passive）的行为触发后可直接打断主动状态（Active）的运行；当主动状态的激活（Activate）节点进入后，怪物会在攻击（Attack）与游走（Wander）节点之间来回切换；当进入攻击或游走时会进行共享字段的判断，检测同类型怪物有几个攻击者，或当前位置有哪些游走点可以进行移动。除非目标死亡或者离开激活范围，否则将仍然持续当前行为。

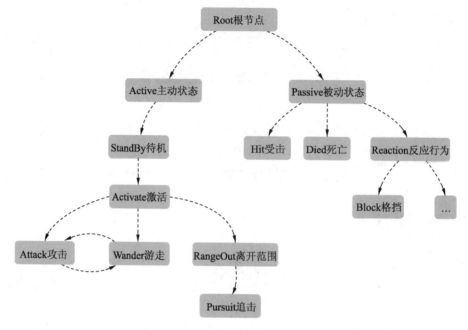

图 6.14　动作游戏的敌人 AI 常用模板

基于这样的模板配置，再进一步将敌人归为以下几类。

- 战士型敌人：攻击部分的行为相对复杂，被动状态中可对玩家血量变化或特定技能触发进行响应。
- 敏捷型敌人：游走部分的行为相对复杂，通常会出现前扑或冲锋类技能促使玩家主动闪避。
- 辅助型敌人：逻辑相对简单，弓箭手或法师都属于此类。一般拥有较高伤害，属于战斗中需首先消灭的类别，可以在攻击部分再进行扩展，多增加几种不同的远程攻击类型。

将敌人进行分类以便在关卡编辑时更好地对不同怪物进行搭配筛选，也对其方向有一个更准确的拿捏。

接下来稍微提及一下 BOSS 敌人的 AI 设计。除了普通敌人需注意的以上几点之外，BOSS 敌人的 AI 设计还需要注意如下几点内容。

- 不违背游戏整体的流程体验：前期的 BOSS 应控制 AI 难度，提供更多的技能硬直时间；后期则相反，且应符合其在后期阶段的美术形象，AI 行为更复杂，其拥有更多的阶段等。
- 与场景、Cutscene 相结合：可出现场景被破坏，或掺杂着不同战斗阶段的剧情演出等。但要考虑制作成本，一旦砍掉会带来大量的损失。
- 让玩家印象深刻：若想达到这一点，每一个环节都必不可少，在美术上要足够与众不同，而故事背景及设定也要能足够地吸引人。

上述几点也会包含一些非 AI 方面的内容，但对于一款动作游戏的 BOSS 设计，这些是必不可少的。

工欲善其事必先利其器。在前期明确了 AI 的设计方向以及行为树的大体配置之后，接下来将开始实际编写操作。

6.3.2 Behavior Designer 插件简介

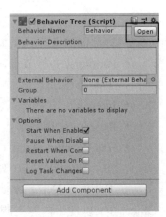

Behavior Designer 是一款相当流行的行为树插件，它适用于编辑较为复杂的 AI 行为，是一款收费插件，可以在资源商店进行购买与下载。

将 Behavior Designer 插件导入到项目中之后，在 Tools | Behavior Designer 选项中可以找到它。其中，Editor 页签选项是它的编辑器；Global variables 是全局变量面板，类似于虚幻引擎或其他插件的黑板（Black board）功能，可以用于同类 AI 间的数据交互。

使用行为树可在 GameObject 上先挂载行为树组件，然后单击 Open 按钮（如图 6.15 所示），即可弹出"行为树编辑"对话框，如图 6.16 所示。

图 6.15　行为树组件面板

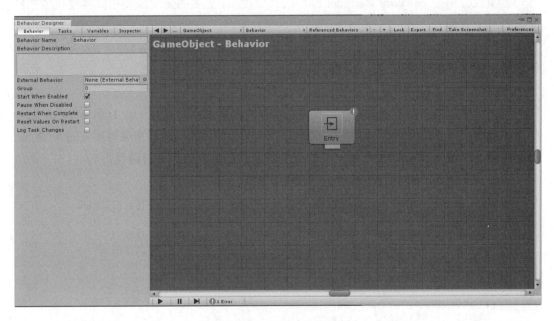

图 6.16　行为树编辑对话框

在窗口左上角有四个页签，分别是 Behavior（行为）、Tasks（任务）、Variables（变量）和 Inspector（检视面板）。Behavior 页签通常配置行为树的组件参数；Tasks 页签可以拖动行为节点到行为树内，里面有 Selector、Sequence 之类的常见节点等；Variables 页签可以创建成员变量供外部修改及内部使用；Behavior 页签可以配置行为树节点的参数。

这里列举 Behavior Designer 行为树的常见节点，并简要介绍。

- Sequence：序列节点，从左往右依次执行，当内部所有节点完成 Success 之后，它才会完成 Success。
- Selector：选择器节点，当内部任意子节点返回 Success 完成状态后，将不会继续执行后面的节点，类似于"或"的状态。
- Paraller：并行节点，会在同一时间并行执行所有子节点。注意，它只是行为树意义上的并行。
- Interrupt：打断节点，用于打断当前状态，比如 B 事件突然触发打断 A 节点的执行等。
- Repeater：循环节点，用于循环子行为并持续一定次数。
- Has Receive Event：是否接收事件，受行为树内部的事件系统管理，多用于外部通知，如怪物受击、死亡等被动行为，可以使用该事件。

在 Behavior Designer 插件的使用中，我们还可以将行为树内容存放于独立的 Scriptable-Object 中，以便于内容复制及管理。在 Project 面板上的空白处右击，选择 Create | Behavior Designer | External Behavior Tree 命令，即可创建扩展行为树。

本节仅介绍了 Behavior Designer 插件的常规使用，更多的内容或使用资料建议去插件官方网站上查阅。

6.3.3　使用协程来开发 AI 程序

使用插件需要考虑节点的时序、事件接收和打断等内容，存在一定的学习成本。对于独立游戏或一些小体量的动作游戏而言，可以用更简单的脚本与协程来编写敌人的 AI 逻辑。

这是一个较为简单的敌人 AI，当检测到玩家靠近后会追踪并持续攻击。

（1）首先创建 EnemyTargets 类，它管理所有敌人的攻击目标。

```
public struct EnemyTargetInfo                        //目标信息结构
{
    public GameObject GameObject { get; set; }       //目标
    public float Hatred { get; set; }                //仇恨值
}
public class EnemyTargets
{
    static EnemyTargets mInstance;
    public static EnemyTargets Instance { get { return mInstance ??
(mInstance = new EnemyTargets()); } }
    readonly List<EnemyTargetInfo> mTargetList = new List<EnemyTargetInfo>();
```

```
    public IReadOnlyList<EnemyTargetInfo> TargetList { get { return
mTargetList; } }                                              //目标列表
    public void RegistTarget(GameObject target, float hatred)  //注册目标
    {
        mTargetList.Add(new EnemyTargetInfo() { GameObject = target, Hatred
= hatred });
    }
    public void UnregistTarget(GameObject target)          //反注册目标
    {
        mTargetList.RemoveAll(m => m.GameObject == target);
    }
}
```

其内部包含了简单的注册与反注册操作，并暴露了 List 提供 AI 的部分读取。在目标结构体里存放仇恨值信息，AI 可以自由选择不同仇恨值的敌人进行攻击。

（2）接下来在玩家类中进行注册，之前章节编写过玩家类的脚本，这里不再赘述。

```
EnemyTargets.Instance.RegistTarget(gameObject, 1f);//注册敌人目标
```

（3）下面开始敌人 AI 的编写，首先定义一些变量并进行一些初始化逻辑。

```
public class EasyEnemy : MonoBehaviour
{
    public Animator animator;
    public float activeRange = 8f;          //激活范围
    public float attackRange = 2f;          //攻击范围
    public float speed = 20f;               //移动速度
    int mAttackAnimHash;
    int mLocomotionAnimHash;
    Coroutine mBehaviourCoroutine;          //主协程
    GameObject mCurrentTarget;              //当前目标
    void Start()
    {
        mBehaviourCoroutine = StartCoroutine(StandByBehaviour());
        mAttackAnimHash = Animator.StringToHash("Attack");
        mLocomotionAnimHash = Animator.StringToHash("Locomotion");
    }
}
```

主协程供攻击、待机这些基础行为的关闭与切换使用。在 Start 里面会开启 StandBy 行为协程，但这里暂不深入讲解。

（4）接下来编写一些工具类函数，来检测激活与攻击范围等。

```
void UpdateTarget()                             //更新当前目标
{
    var maxHatred = -1f;
    for (int i = 0, iMax = EnemyTargets.Instance.TargetList.Count; i < iMax; i++)
    {
        var currentTarget = EnemyTargets.Instance.TargetList[i];
        if (currentTarget.Hatred > maxHatred)          //筛选最大仇恨值的目标
        {
            //是否在激活范围
```

```
            if (IsInActiveRange(currentTarget.GameObject.transform))
            {
                mCurrentTarget = currentTarget.GameObject;
                maxHatred = currentTarget.Hatred;     //更新目标
            }
        }
    }
}
bool IsInActiveRange(Transform target)              //是否在激活范围内
{
    return Vector3.Distance(transform.position, target.position) <= activeRange;
}
bool IsInAttackRange(Transform target)              //是否在攻击范围内
{
    return Vector3.Distance(transform.position, target.position) <= attackRange;
}
```

（5）下面开始编写行为协程的具体逻辑，默认情况下会进入 StandBy 行为协程。来看一下它的逻辑：

```
IEnumerator StandByBehaviour()
{
    var whileFlag = true;
    while (whileFlag)
    {
        for (int i = 0, iMax = EnemyTargets.Instance.TargetList.Count; i
< iMax; i++)
        {
            var target = EnemyTargets.Instance.TargetList[i];
            //有目标进入激活范围
            if (IsInActiveRange(target.GameObject.transform))
            {
                StopCoroutine(mBehaviourCoroutine);   //关闭当前协程
                //进入激活行为
                mBehaviourCoroutine = StartCoroutine(ActiveBehaviour());
                whileFlag = false;
                break;
            }
        }
        yield return null;
    }
}
```

（6）待机状态时，当有目标进入激活范围后，则跳转到激活行为。

```
IEnumerator ActiveBehaviour()
{
    UpdateTarget();                    //更新目标，仇恨值筛选
    //确保目标没有离开
    while (mCurrentTarget != null && IsInActiveRange(mCurrentTarget.transform))
    {
        yield return AttackBehaviour(mCurrentTarget.transform);     //攻击
        yield return null;
    }
```

```
    StartCoroutine(StandByBehaviour());                    //结束后回到待机行为
}
```

激活行为由待机行为跳转，首先会按照仇恨值筛选进入激活范围的目标，然后确保目标未离开的同时开始攻击目标。

（7）攻击行为的编写。

```
IEnumerator AttackBehaviour(Transform target)
{
    var flag = true;                              //确认攻击的 flag
    while (!IsInAttackRange(target))
    {//若不在攻击范围，则追踪
        if (!IsInActiveRange(target))             //若逃离，则跳出
        {
            flag = false;
            break;
        }
        var to = (target.position - transform.position);
        to = Vector3.ProjectOnPlane(to, Physics.gravity.normalized).normalized;
        transform.position += to * speed * Time.deltaTime;  //执行移动
        transform.forward = to;                   //更新方向
        animator.SetBool(mLocomotionAnimHash, true);        //更新动画
        yield return null;
    }
    animator.SetBool(mLocomotionAnimHash, false);
    if (flag)
    {
        animator.SetTrigger(mAttackAnimHash);               //执行攻击
        const string IDLE_TAG = "Idle";
        yield return new WaitUntil(() => animator.GetCurrentAnimator
StateInfo(0).IsTag(IDLE_TAG));
        //动画回到有空闲标签的状态，则退出攻击行为
    }
}
```

若目标不在攻击范围内，则进行追踪，这里设置了一个 Flag 变量以检测追踪成功或失败，追踪结束后播放攻击动画，并由动画再去触发动画事件进行一系列的攻击逻辑。动画播放结束后跳出攻击逻辑。

这样一个由协程控制的 AI 逻辑就完成了，使用脚本编写 AI 的好处是足够灵活，但编辑复杂行为时会比较吃力。

6.3.4　可控制的随机行为

在 AI 的编写过程中，都会用到随机行为。如果无法做到可控随机，则敌人的行为可能达不到预期的效果。

我们可以通过二次随机来控制随机结果的整体范围，使结果样本始终集中在值较低的

区间或较高的区间，这里以 0～1 之间的随机数进行示范。

```
float Random01_Fall()    //样本始终集中在值较高的区间,如[0,0.7,0.8,0.7,0.9...]
{
    var r1 = Random.value;   //生成结果在 0～1 之间的浮点型随机结果
    return Random.Range(1 - r1, 1);
}
float Random01_Rise()    //样本始终集中在值较低的区间,如[0.2,0.3,0.1,0.3...]
{
    var r1 = Random.value;   //生成结果在 0～1 之间的浮点型随机结果
    return Random.Range(0, 1 - r1);
}
```

还可以通过模拟抛物线，做到类似于正态分布的随机效果，使结果样本集中分布在中间区域。

```
public float Random01_Arc(float averageOffset = 0, float alpha = 2f)
{
    var r1 = Random.value;   //生成结果在 0～1 之间的浮点型随机结果
    var t1 = Mathf.Lerp(0, 1, r1);
    var t2 = Mathf.Lerp(1, 0, r1);
    //得到弧线的点并乘以系数，系数越高越陡峭
    var tFinal = Mathf.Lerp(t1, t2, r1) * alpha;
    var r2 = Mathf.Lerp(r1, 0.5f, tFinal) + averageOffset; //平均位置偏移
    return r2;
}
```

这里的 averageOffset 参数模拟了弧线中心位置的偏移，alpha 参数模拟了弧线的陡峭程度。

最后，再介绍一种不会重复的随机数生成方式。在使用它进行攻击策略选择时，可以让怪物不会两次都采取同样的攻击行为。

```
//不重复的随机数生成
public int EliminateRepeatRandom(int last, int min, int max)
{
    //生成结果在 min～max 之间的浮点型随机结果
    var current = Random.Range(min, max);
    if (last == current)              //若当前随机值与上一次一致，则进行偏移
        return (current + (int)Mathf.Sign(Random.value) * Random.Range(min
+ 1, max - 1)) % max;
    else
        return current;               //否则直接输出
}
```

它需要一个参数获取上一次的随机值结果，若当次的随机结果与上一次一致，就执行偏移逻辑以得到新的值。

6.3.5　设计共享数据段

在之前的章节中提到过共享字段以及行为树的 Global variables 功能，它们都是为了便

于 AI 之间的通讯并相互传递一些数据。

在动作游戏中常常会遇到这样一种情况，一群怪物围着玩家，但同时发起进攻的只有 2~3 个敌人，这里就来借助之前的敌人 AI 来实现这项功能。

我们可以给每一种类型的敌人追加一个 ShareMemory 单例类，来存放一些共享字段信息，如之前的敌人类 EasyEnemy，对应的共享字段类名就是 EasyEnemyShareMemory。由于动作游戏大多数的敌人类型都需要手动编辑，这样写死的方式可以更灵活地调试与配置。其脚本如下：

```
public class EasyEnemyShareMemory
{
    static EasyEnemyShareMemory mInstance;              //单例
    public static EasyEnemyShareMemory Instance { get { return mInstance ??
(mInstance = new EasyEnemyShareMemory()); } }
    int mAttackerCount;
    //当前攻击者计数
    public int AttackCount { get { return mAttackerCount; } }
    public void NoticeAttack()                          //通知攻击
    {
        mAttackerCount++;
    }
    public void EndOfAttack()                           //结束攻击
    {
        mAttackerCount--;
    }
}
```

这里统计了同时进行攻击的人数，接下来在 AI 类中加入它的调用。

```
if (EasyEnemyShareMemory.Instance.AttackCount < 3) //攻击数量检测
{
    EasyEnemyShareMemory.Instance.NoticeAttack();   //增加攻击者统计
    yield return AttackBehaviour(mCurrentTarget.transform);        //攻击
    EasyEnemyShareMemory.Instance.EndOfAttack();    //减少攻击者统计
}
```

这样当攻击者到达上限之后，其他的 AI 将执行别的行为。

6.3.6 场景信息的获取

在 AI 的编写时，经常有获取场景信息的需求，如 BOSS 飞跃到场景中央释放技能、怪物匹配不同的巡逻路径等。由于角色都是由 SpawnPoint 创建，所以通过 SpawnPoint 可以绑定场景内的配置信息。

这里对之前章节的 SpawnPoint 进行修改，增加接口 ISpawnPointCallback，并在创建时对有实现该接口的对象发送创建事件。

```
public interface ISpawnPointCallback
```

```
{
    void OnSpawn(SpawnPoint sender);                    //创建回调
}
```

在 SpawnPoint 的 Spawn 函数末尾增加查找及调用逻辑。

```
protected virtual void Spawn()
{
    //...
    var spawnPointCallback = mSpawnedGO.GetComponent<ISpawnPointCallback>();
    if (spawnPointCallback != null)
        spawnPointCallback.OnSpawn(this);               //执行创建回调
}
```

当 AI 脚本得到场景内创建它的 SpawnPoint 后，即可通过获取挂载在该 GameObject 上的其他组件以得到路径或者位置等信息。

第 7 章　其　他　模　块

在之前的章节中讲述了战斗、关卡、碰撞等大粒度的模块以及遇到的种种问题。本章将对一些较为细碎的内容进行讲解，如相机、输入、音频等，并结合在开发中常遇到的实际问题，如通用手柄适配、轨道相机的实现等进行介绍，使读者可以更全面地了解这些知识点。

7.1　相　　机

在游戏中我们通常要为不同的游戏状态匹配不同的相机模式，比如在 BOSS 战时会使用以 BOSS 相对位置为焦点的锁旋转相机模式，在常规关卡中则会使用轨道相机模式等。虽然现今已有许多插件可供选择，但为了在进行细节优化时更得心应手，还是建议手动编写相机部分的逻辑。在本节中将对这些不同的相机模式进行介绍，并针对滑轨、常规第三人称相机这两种常用模式相机进行实现上的讲解。

7.1.1　常见的相机模式分类

下面介绍几种在不同游戏中较为常见的相机模式。

- FocusCamera：焦点相机模式，效果类似于《黑暗之魂》类游戏中的敌人锁定状态。取目标敌人与当前主角的方向向量来作为观测点，一般用于 BOSS 战或某些特殊操作触发时。技术上需要注意距离过近而导致旋转速度太快的问题，可以加入距离系数进行优化。
- RailCamera：滑轨相机模式，或称作 DollyCamera 等。它可以将相机映射到一条路径上，并借此实现一些电影化的镜头效果，如随着主角的远离相机逐渐看向远方或固定视点相机的实现等。在技术实现上需要注意，角色需要单独投影到另一根曲线上，来作为滑轨进程，而不是直接投影到相机运动的曲线上，否则会导致曲线不同点距离过近时相机颤抖或映射到错误位置。
- ThridPersonCamera：传统第三人称相机模式，是使用较广泛的相机类型，如《尼尔

-机械纪元》《黑暗之魂》等。但由于动作游戏需要看清战局，所以需要较大的观测视角，建议在标准第三人称相机功能的基础之上扩展一些功能，如闲时自动寻找机位等。注意，运用在动作游戏上时，必须屏蔽相机的旋转缓动特性，或在默认设置里是没有缓动的，否则会导致玩家眩晕。

- DepressionAngleCamera：固定俯视角相机模式，被 RPG 类游戏较多地使用，由于视野范围较广，对于这种类 2.5D 风格的相机模式也建议作为主相机进行使用。对于遮挡问题一般用特殊的透显 Shader 进行处理。

7.1.2　常规第三人称相机实现

常规第三人称相机是指相机在玩家身后以一定距离看向玩家，相机位置可受到鼠标移动或手柄摇杆操作的控制而左右上下旋转。

（1）首先不考虑障碍物遮挡等概念，先实现基础的绕玩家旋转逻辑，它的类与基本变量定义如下：

```
public class EasyThirdPersonCamera : MonoBehaviour
{
    Vector3 mDefaultDir;                    //默认方向
    Transform mPlayerTransform;             //玩家的 Transform
    Vector3 mRotateValue;                   //鼠标或手柄的存储旋转值
    Vector3 mPitchRotateAxis;               //俯仰方向旋转轴
    Vector3 mYawRotateAxis;                 //左右横向方向旋转轴
    public float distance = 4f;             //相机观测距离
    public float speed = 120f;              //相机旋转速度
    public Vector3 offset = new Vector3(0f, 1.5f, 0f); //观测目标的偏移值
    void OnEnable()
    {
        const string PLAYER = "Player";
        var upAxis = -Physics.gravity.normalized;           //y 方向
        //玩家变换
        mPlayerTransform = GameObject.FindGameObjectWithTag(PLAYER).transform;
        mDefaultDir = Vector3.ProjectOnPlane((transform.position - mPlayer
Transform.position), upAxis).normalized;
        mYawRotateAxis = upAxis;
        mPitchRotateAxis = Vector3.Cross(upAxis, Vector3.ProjectOnPlane
(transform.forward, upAxis));
        //初始化俯仰和横向方向的旋转轴
    }
}
```

mDefaultDir 表示初始方向，相机会缓存旋转值并始终基于这个方向进行旋转；mRotateValue 是相机存储的旋转值，存放了左右与上下的旋转信息；mPitchRotateAxis 与 mYawRotateAxis 表示横向的旋转轴与纵向的旋转轴，通过确立初始状态下的玩家正前方方向与 Y 垂直方向叉乘后得到，变量命名的方式是俯仰角与偏航角，它们是一种三维空间

中的角度描述方式。

图 7.1 中描述了三种方式的旋转。Yaw 偏航角旋转，可类比为物体的左右旋转；Pitch 俯仰角旋转，可类比为物体上下的旋转；Roll 滚动轴旋转，可以类比为物体相对于左右旋转的横向转动。

（2）在进行 Update 逻辑的编写前，需编写一个角度转换函数。它可以避免角度的无限递增，让度数在一定范围内不断循环。

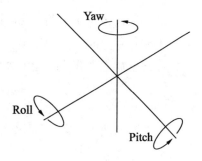

图 7.1　不同旋转角的描述方式

```
float AngleCorrection(float value)        //角度修正函数
{
    if (value > 180f) return mRotateValue.x - 360f;
    else if (value < -180f) return mRotateValue.x + 360f;
    return value;                         //若角度未超出范围，则返回原值
}
```

（3）接下来编写 Update 函数中的逻辑。

```
void Update()
{
    var inputDelta = new Vector2(Input.GetAxis("Mouse X"), Input.GetAxis
("Mouse Y"));                             //输入值的delta
    //更新横向旋转值
    mRotateValue.x += inputDelta.x * speed * Time.smoothDeltaTime;
    mRotateValue.x = AngleCorrection(mRotateValue.x);      //角度修正
    //更新纵向旋转值
    mRotateValue.y += inputDelta.y * speed * Time.smoothDeltaTime;
    mRotateValue.y = AngleCorrection(mRotateValue.y);      //角度修正
    //构建角轴四元数
    var horizontalQuat = Quaternion.AngleAxis(mRotateValue.x, mYawRotateAxis);
    //构建角轴四元数
    var verticalQuat = Quaternion.AngleAxis(mRotateValue.y, mPitchRotateAxis);
    var finalDir = horizontalQuat * verticalQuat * mDefaultDir; //最终方向
    //计算偏移后的玩家位置
    var from = mPlayerTransform.localToWorldMatrix.MultiplyPoint3x4(offset);
    var to = from + finalDir * distance;                   //相机位置
    transform.position = to;              //相机位置赋值
    transform.LookAt(from);               //相机旋转锁定
}
```

inputDelta 是当前帧输入内容的变化量，创建后计算并计入 **mRotateValue** 中。使用 **AngleCorrection** 修正旋转值，保证旋转量在一个安全的区间内。随后构建 yaw 与 pitch 方向的四元数，并乘以基础方向得到当前的相机观测方向。最后计算 from 和 to，from 是计入偏移后的玩家坐标位置，to 是相机当前位置。设置完后将旋转与位置信息赋值即可完成。

此外还需留意 Time.smoothDeltaTime 是一个加权 DeltaTime 字段，在相机逻辑中使用可以得到更稳定的时间差结果。

在此基础之上我们继续加入垂直方向滑动的约束及反转功能。

```
public bool invertPitch;                        //反转 pitch 方向相机滑动
public Vector2 pitchLimit = new Vector2(-40f, 70f);    //pitch 方向约束
```

在变量声明处加入这两个新的成员变量，以便在编辑器下开关垂直轴向的反转或对纵向旋转角度进行限制。

（4）接下来增加 Update 函数中的障碍物检测逻辑。

```
void Update()
{
    //省略部分代码
    //mRotateValue.y+= inputDelta.y * speed * Time.Time.smoothDeltaTime;
    mRotateValue.y+= inputDelta.y * speed * (invertPitch ? -1 : 1) * Time.
    Time.smoothDeltaTime;
    //更新纵向旋转值
    mRotateValue.y = AngleCorrection(mRotateValue.y);   //角度修正
    //约束 pitch 旋转范围
    mRotateValue.y = Mathf.Clamp(mRotateValue.y, pitchLimit.x, pitchLimit.y);
    //省略部分代码
}
```

由于默认方向已经过 Y 轴向量投影，所以直接对角度做约束即可。而反转则可在更新旋转值的时候进行判断。

将此脚本挂载至相机上，并在场景内放置一个挂载移动脚本并设有对应标签的玩家对象即可开始运行。接下来开始加入障碍物检测的逻辑，我们使用 Unity 提供的 Physics.SphereCast 接口向外投射一个虚拟球体来检测在哪一点会碰到障碍物。这个虚拟球体的半径应当小于角色胶囊体且大于相机近截面，如图 7.2 所示。按此设置后，可避免相机因环境拥挤而导致的模型局部穿模问题。

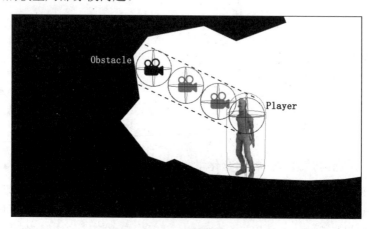

图 7.2   相机障碍物检测示意

首先定义两个新的成员变量，分别是障碍物的 LayerMask 与障碍物检测球的半径。

```
public LayerMask obstacleLayerMask;              //障碍物的 LayerMask
public float obstacleSphereRadius = 0.3f;        //检测球的半径
```

在之前的代码中有预留出 from 与 to 两个临时变量，它们分别代表相机的最小距离与最大距离，对障碍物的检测函数可以此为参数来进行判断。

```
Vector3 ObstacleProcess(Vector3 from, Vector3 to)
{
    var dir = (to - from).normalized;    //到 to 位置的方向
    if (Physics.CheckSphere(from, obstacleSphereRadius, obstacleLayerMask))
        Debug.Log("错误!障碍物检测球体半径应小于角色胶囊。");
    var hit = default(RaycastHit);
    var isHit = Physics.SphereCast(new Ray(from, dir), obstacleSphereRadius,
 out hit, distance, obstacleLayerMask);
    if (isHit)                           //有遇到障碍物
        return hit.point + (-dir * obstacleSphereRadius);
    return to;                           //没有遇到障碍物，直接返回 to 位置
}
```

由于检测球必须小于角色胶囊体，默认情况下进行一次 CheckSphere 检测的结果应该为 false，如果为 true，则说明角色胶囊体过小。接下来调用 SphereCast 向后方进行投射，若碰到障碍物，则以当前点作为返回方向，否则返回 to 向量。

随后在 Update 中修改 position 部分的赋值即可。

```
transform.position = ObstacleProcess(from, to);        //相机位置赋值
```

（5）在动作游戏中不仅相机的旋转缓动会影响玩家体验，也会因为障碍物过多导致相机频繁地拉近拉远而造成较为恼火的体验感。由于相机拉近的缓动处理较为复杂，接下来将增加对相机拉远的延迟与插值效果，如图 7.3 所示。

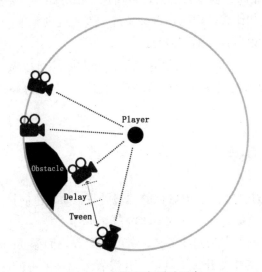

图 7.3　相机距离缓动示意

首先加入几个成员变量，缓存当前距离及一些插值细节的调节参数。

```
float mCurrentDistance;                              //当前距离
float mDistanceRecoveryDelayCounter;                 //距离延迟计数（倒计时）
public float distanceRecoverySpeed = 3f;             //距离恢复速度
public float distanceRecoveryDelay = 1f;             //距离恢复延迟
```

当触发距离拉近时，mDistanceRecoveryDelayCounter 会开始计数，当计数小于 0 之后开始拉近插值处理，脚本如下：

```
var exceptTo = ObstacleProcess(from, to);        //障碍物处理
//追加内容
var expectDistance = Vector3.Distance(exceptTo, from);
if (expectDistance < mCurrentDistance)           //和新距离比较,拉近则重置延迟
{
    mCurrentDistance = expectDistance;
    mDistanceRecoveryDelayCounter = distanceRecoveryDelay; //重置
}
else//拉远的情况
{
    if (mDistanceRecoveryDelayCounter > 0f)     //开始计数
        mDistanceRecoveryDelayCounter -= Time.deltaTime;
    else
        mCurrentDistance = Mathf.Lerp(mCurrentDistance, expectDistance, Time.
smoothDeltaTime * distanceRecoverySpeed);
    //插值处理
}
//transform.position = ObstacleProcess(from, to);           //旧的赋值步骤
//使用内部距离变量重新赋值
transform.position = from + finalDir * mCurrentDistance;
//追加内容结束
```

在 Update 函数的距离处理逻辑之后，再增加一部分距离恢复插值的逻辑。首先与当前障碍物操作后的距离相比较，相机是否被拉近，若拉近则重置；若被拉远，则进行延迟计数的处理并在延迟结束后执行插值恢复。

到这里一个基础的第三人称相机就完成了。开发者还可以做一些优化操作，如将距离参数进一步封装以便于拉近等其他特效的使用，以及对玩家跳跃进行相机跟随上的稳定性优化等。

7.1.3　滑轨相机的实现

在动作游戏中，往往需要一些电影化的运镜处理。如角色向神庙奔跑时镜头逐渐看向远山，角色在爬楼梯时镜头看向远处的 BOSS 等。

实现此效果需要依赖贝塞尔曲线工具，它可以配置我们需要的相机路径。这里使用一款叫作 UnityExtensions 的免费开源工具包，开发者可以在 GitHub 上搜索并下载，它包含

相对完善的贝塞尔曲线工具，如图 7.4 所示。

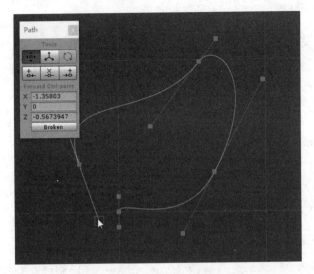

图 7.4　UnityExtensions 工具包中的贝塞尔曲线工具

（1）将 UnityExtensions-BezierPath 插件置入项目后，给 GameObject 挂载 BezierPath 组件即可编辑与设置，单击组件面板的 Edit Path 按钮可对曲线的节点进行编辑，如图 7.5 所示。

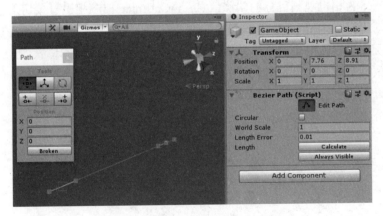

图 7.5　曲线组件的挂载与编辑

BezierPath 插件的脚本调用也很方便，所有与路径点相关的信息会存放在 Location 结构的中间对象里。使用者可以通过其对象获得位置信息或长度信息。示例脚本如下：

```
Vector3 worldPosition = default(Vector3);
var location = bezierPath.GetClosestLocation(worldPosition, 0.1f);
//获得最近的路径点位置，为 Location 对象
var pathPoint = bezierPath.GetPoint(location); //获得路径点上的坐标
```

接下来开始进行滑轨相机逻辑的编写，先定义一些成员变量与初始化逻辑。

```
public class RailCamera : MonoBehaviour
{
    public Vector3 focusOffset = new Vector3(0, 1.5f, 0);   //玩家点偏移
    public float moveSpeed = 30f;                 //相机移动速度
    public float stepLength = 0.1f;               //贝塞尔曲线每分步长度
    public float tween = 17f;                     //相机缓动插值
    bool mCutEnter;                               //进入 RailCamera 是否直接切镜头
    bool mIsInitialized;                          //是否初始化完毕
    Transform mPlayerTransform;
    BezierPath mCameraPath;                       //相机路径
    BezierPath mMappingPath;                      //映射路径
    public void Setup(BezierPath cameraPath, BezierPath mappingPath, bool
cutEnter)
    {
        mCutEnter = cutEnter;
        mCameraPath = cameraPath;
        mMappingPath = mappingPath;
        const string PLAYER = "Player";
        mPlayerTransform = GameObject.FindGameObjectWithTag(PLAYER).transform;
        mIsInitialized = true;
    }
}
```

滑轨相机一般由相机触发框触发，并调用 Setup 函数传入当前配置区域的路径信息。单个场景内可放置若干触发框，以配置不同局部区域的不同相机路径。

focusOffset 为相机观测目标的偏移信息；mCutEnter 控制相机直接切入新坐标还是通过插值切入新坐标；stepLength 是该贝塞尔曲线插件的分步值，一般设置为 0.1。

通过将玩家坐标映射至贝塞尔曲线路径，可以得到相机当前的位置信息。但直接映射的路径会导致许多问题，例如拐点不平滑、一些路径区域丢失等，所以可以使用两条路径进行映射，以达到更好的编辑结果。如图 7.6 所示，左图为单一映射路径，若处理不当会导致某些部分被忽视。右图为添加一条映射路径做二次映射，结果则平滑许多，易于调试。

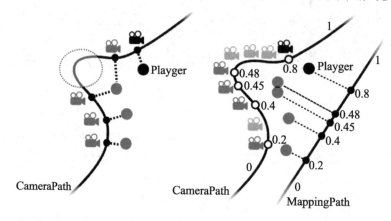

图 7.6　滑轨相机的多路径映射

（2）接下来编写 Update 部分内容，将实现之前提及的多路径映射。

```
void Update()
{
    if (!mIsInitialized) return;
    var focusPoint = mPlayerTransform.localToWorldMatrix.MultiplyPoint3x4
(focusOffset);                                        //玩家点
    var focusTransformLocation = mMappingPath.GetClosestLocation(focusPoint,
 stepLength);
    //玩家点在曲线上的位置信息
    if (mCutEnter)                                     //如果直接切镜头到曲线相机
    {
        var mappingRate = mMappingPath.GetLength(focusTransformLocation) /
mMappingPath.length;                               //映射曲线中的百分比
        var point = mCameraPath.GetPoint(mCameraPath.GetLocationByLength
(mappingRate * mCameraPath.length));               //原曲线的位置
        transform.position = point;
        mCutEnter = false;
    }
    var currentCameraLocation = mCameraPath.GetClosestLocation(transform.
position, stepLength);                              //相机接近的相机曲线位置
    var currentMappingLength = (mCameraPath.GetLength(currentCameraLocation) /
mCameraPath.length) * mMappingPath.length;  //映射曲线长度
    //玩家当前的映射曲线长度
    var expectMappingLength = mMappingPath.GetLength(focusTransformLocation);
    var finalMappingLength = Mathf.Lerp(currentMappingLength, expectMappingLength,
moveSpeed * Time.smoothDeltaTime);                 //映射曲线步进
    var currentBezierLength = (finalMappingLength / mMappingPath.length) *
mCameraPath.length;                                //转换回相机曲线
    var currentBezierLocation = mCameraPath.GetLocationByLength
(currentBezierLength);
    transform.position = Vector3.Lerp(transform.position, mCameraPath.GetPoint
(currentBezierLocation), tween * Time.smoothDeltaTime);    //位置赋值
    transform.LookAt(focusPoint);                    //旋转信息赋值，直接看向目标
}
```

这样再在场景中进行编辑，一个基础的滑轨相机就完成了。如图 7.7 所示，黑框内为
映射曲线，上方为相机路径曲线。

图 7.7　滑轨相机配置信息

当玩家进入触发框，滑轨相机就会被启动，触发框的逻辑如下：

```csharp
public class RailCameraTriggerBox : MonoBehaviour
{
    public RailCamera railCamera;                //滑轨相机对象
    public BezierPath cameraPath;                //相机路径
    public BezierPath mappingPath;               //y 映射路径
    public bool cutEnter;                        //是否直接切镜头
    private void OnTriggerEnter(Collider other)
    {
        const string PLAYER = "Player";
        if (!other.CompareTag(PLAYER)) return;
        railCamera.Setup(cameraPath, mappingPath, cutEnter);    //启动
        gameObject.SetActive(false);             //避免重复触发
    }
}
```

（3）接下来我们继续扩展这个基础的滑轨相机。在游戏中往往需要让角色的前方方向也随着路径得到一定的修正，也就是说当玩家推前摇杆或按键盘上的前进键时，玩家移动方向未必是镜头前方。下面编写 DirectionGuidePath.cs 脚本，以实现此功能。

```csharp
public class DirectionGuidePath : MonoBehaviour
{
    public BezierPath bezierPath;                //目标曲线
    public Transform[] keywordPoints;            //重定位方向
    public float stepLength = 0.1f;              //曲线每分步长度
    public Vector3 GetGuideDirection(Vector3 point)
    {
        var result = new Vector3();
        var location = bezierPath.GetClosestLocation(point, stepLength);
        //玩家在曲线上的位置
        var playerClosestPoint = bezierPath.GetPoint(location);
        var sumD = 0f;
        for (int i = 0; i < keywordPoints.Length; i++)
            sumD += Vector3.Distance(playerClosestPoint, keywordPoints[i].
transform.position);
        var sum2 = 0f;
        for (int i = 0; i < keywordPoints.Length; i++)
        {
            var distance = Vector3.Distance(playerClosestPoint, keywordPoints[i].
transform.position);
            sum2 += sumD / distance;
        }//计算多权重混合
        for (int i = 0; i < keywordPoints.Length; i++)
        {
            var keywordPointTransform = keywordPoints[i];
            var distance = Vector3.Distance(playerClosestPoint, keywordPoint
Transform.position);
            var pointsWeight = (sumD / distance) / sum2; //多权重混合系数
            result += keywordPointTransform.forward * pointsWeight;
        }
        return result.normalized;                //最终方向信息
```

```
        }
    }
```

通过多权重混合，可以对大于 2 的信息进行插值。最后将它们的权重系数相加即可得到最终的混合结果，这个方法在其他场合也非常有效。

　　随后在场景中进行方向修正点的放置，并在玩家的脚本中增加一些方向逻辑即可，如图 7.8 所示。

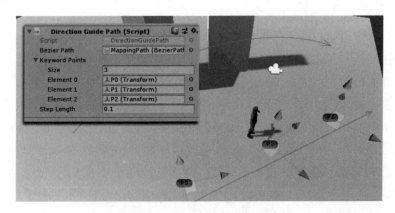

图 7.8　方向修正点与脚本配置

（4）最后把这项功能在滑轨相机脚本中进行整合。

```
public class RailCamera : MonoBehaviour
{
    //省略部分代码
    DirectionGuidePath mDirectionGuidePath;
    public DirectionGuidePath DirectionGuidePath { get { return mDirection
GuidePath; } }
    public void SetDirectionGuidePath(DirectionGuidePath directionGuidePath)
    {
        mDirectionGuidePath = directionGuidePath;
    }
    //省略部分代码
}
```

这样，在触发场景触发框之后，对应的方向修正信息也会被更新到滑轨相机脚本上去。到此滑轨相机的基础逻辑就结束了，开发者可以继续扩展，如随着路径改变相机的 LookAt 方向等。通过多权重混合可以方便地将这些信息通过距离进行计算。

7.2　Cutscene 过场动画

　　Cutscene 即剧情动画或剧情演出，穿插在游戏的不同阶段中播放，大大增强了游戏的沉浸感。Cutscene 可以使用多种方式去表现，如实时播放或者流程脚本驱动的动画等。本节将针对它的使用与选择进行讲解。

7.2.1　不同类型的 Cutscene 简介

从早期红白机的图文叙事，到索尼的游戏电影化表现，过场动画的展现方式也在不断进化，它大致可以分为以下几种。

- 离线 Cutscene：使用离线编辑将过场动画制作为视频，并以播放视频的方式播放它。它通常使用引擎自身来渲染，以避免在使用不同软件时造成"出戏感"。相较于实时剧情动画，它可以存在大量的角色人物和不同场景的穿插切换等，一般与其他类型结合使用。
- 实时 Cutscene：使用广泛的过场动画类型。在播放时可以锁角色与相机，也可以保持在角色交互的情况下播放。缺点是制作成本较高，对模型的数量等有限制。
- 脚本过场动画：在 RPG（角色扮演类游戏）中较常出现，受编辑好的流程脚本驱动，如角色 A 移动到 B 点触发 C 对话等。这类剧情动画技术难度较小，编辑成本低。

随着 Unity 的版本迭代，在 2017 版本中增加的 Timeline 功能已经可以相对完善地实现实时剧情动画的制作，使其不再需要借助插件。而对于流程脚本动画，则需要自行编写一个剧情编辑器使用。在接下来的部分我们将针对后两种类型的 Cutscene 分别深入讲解。

7.2.2　使用 Timeline

在 Unity 中选择 Window | Sequencing | Timeline 命令即可弹出 Timeline 面板，该面板可以对 Timeline 对象进行编辑。在 Project 面板中右击，选择 Create | Timeline 命令，即可创建该对象。

创建完 Timeline 对象后还需要有一个容器才可以播放，该容器就是 PlayableDirector。创建一个 GameObject 并挂载 PlayableDirector 组件配置后，即可在场景内播放，如图 7.9 所示。

接下来对 Timeline 对象进行编辑，它内置了 6 种类型的轨道（Track）。

- Activation Track：激活轨道，用于设置对象的 Active 状态，可以在轨道设置中进一步设置当作用结束后是恢复原状态还是变为激活状态等。
- Animation Track：动画轨道，支持直接编辑动画或插入一段现有动画。若选择插入动画剪辑，在设置 Animator 后拖曳对应的 AnimationClip 即可。
- Audio Track：音频轨道，直接拖曳对应的音频剪辑到轨道即可。
- Control Track：控制轨道，用于控制子 Timeline，往往在多人协作时会依赖于这个功能。
- Playable Track：可播放轨道，用于处理 Playable 脚本，通常针对一些扩展性的处理。
- Signal Track：信号轨道，类似于动画事件或消息机制，用于在某一时刻通知脚本。

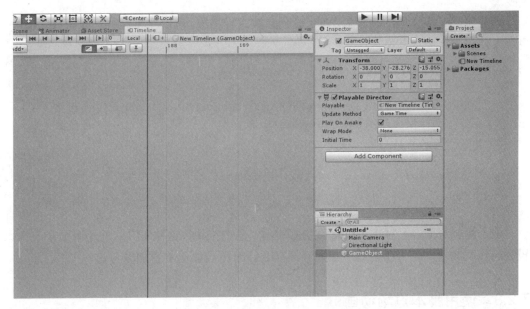

图 7.9　Timeline 对象与组件设置

除了上述几种轨道之外，开发者还可以自行扩展轨道，如添加 Cinemachine 插件后会增加对应的扩展轨道。Unity 官方提供了一个工程 FilmSample，开发者在资源商店中可以下载，该工程非常细致地使用到了 Timeline 的大多数功能，如图 7.10 所示。开发者可以下载此案例进一步学习。

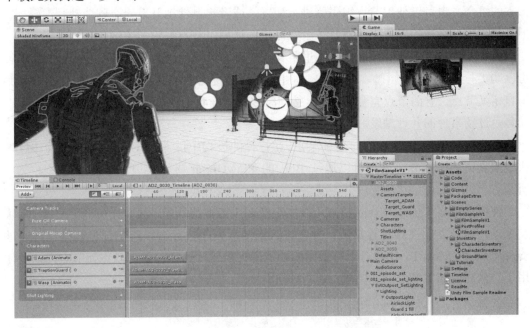

图 7.10　Unity 官方 FilmSample 工程案例

当配置好对应轨道的动画后，即可设置参数进行播放，可以在面板中设置为自动播放，也可以使用脚本驱动其播放。

```
public class PlayTimelineTest : MonoBehaviour
{
    public PlayableDirector playableDirector;        //Timeline 组件
    public TimelineAsset timelineAsset;              //Timeline 资源文件
    void OnEnable()
    {
        playableDirector.Play(timelineAsset);        //播放
    }
}
```

由于篇幅有限，不对 Timeline 做更多讲解。总的来说，这种实时的过场动画会产生比较大的开发成本，是否在游戏中加入它还需要针对游戏体量本身加以考虑。

7.2.3　使用脚本过场动画

往往在 RPG（角色扮演）类型的游戏中会大量出现以脚本形式驱动的动画来代替实时的过场动画，这种形式只需要制作一些行走、奔跑、交谈的简单组合即可，在制作时间及内容修改上更容易被把握。

制作这类动画需要一个工具提供各种事件列表的配置与组织功能，它可以是 Excel 与脚本的组合，也可以使用节点编辑器进行配置，或者定制性地开发一个剧情动画编辑器，但具体选用什么样的方案应针对具体游戏而定，这里以节点编辑器为例来进行演示。

Bolt 是一款节点式编程插件，这里用其制作脚本过场动画。开发者在 Unity 资源商店可以购买与下载它。编辑脚本式过场动画主要的难题是并行事件的解决，而 Bolt 不需要编写自定义节点，它的节点完全和 Unity 接口一致，这样我们就可以通过多个协程来实现不同角色过场事件的并行触发。

假设玩家 A 与伙伴 B 同时前往某点，在行径的过程中巨龙会飞来，这些是整个 BOSS 决战前剧情的一部分。这个可以通过 Bolt 的 FlowGraph 进行实现，最终流程如图 7.11 所示。

使用 Bolt 的 CustomEvent 节点可以实现类似于函数的功能，这里分别将玩家移动、队友移动，以及龙的飞行进行封装，并在进入剧情后顺序执行，以避免延迟等待。再通过 SuperUnit 将 MoveTo 这样一个可通用的功能进行封装，这样它就可以作为节点被多次使用了。最后将相关变量定义完毕，运行即可。

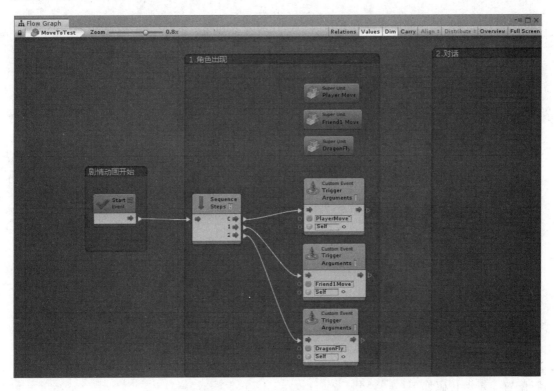

图 7.11　功能最终节点示意图

7.3　输入、IK 与音频管理

本节将介绍一些之前章节有提及但较为分散的内容，如借助 InControl 插件处理通用手柄输入，使用 Final-IK 插件更好地实现关节的反向动力骨骼等。

7.3.1　InControl 插件的使用

PC 平台的动作游戏开发大多数会涉及手柄的接入操作，这时 Unity 内置的输入模块就显得有些不足。由于不同手柄键位并不一致，这时候就需要借助插件来统一它们的键位以方便开发。

InControl 是一款输入管理插件，这里使用它来进行不同型号的手柄通用键位适配，开发者可以在资源商店进行购买。

安装 InControl 后，选择 Project Settings | InControl | Setup Input Manager Settings 命令，以进行初始化操作，随后需要在初始场景中挂载对应组件。挂载后酌情勾选"Don't Destroy

On Load"选项，以保证场景内存在该脚本，并勾选 XInput，否则会漏掉许多手柄类型的支持，如图 7.12 所示。

图 7.12　InControl 插件设置

　　有多种方法可进行配置，例如，可通过 InControl 内部的绑定功能继承 ActionSet 而进行配置。示例代码如下：

```
public class ActionSetTest : PlayerActionSet
{
    public PlayerAction Jump { get; private set; }
    public PlayerTwoAxisAction Move { get; private set; }
    //一些测试按键

    public ActionSetTest()
    {
        Fire = CreatePlayerAction("Fire");
        //创建 PlayerAction，一个动作可以绑定不同的输入源
        Fire.AddDefaultBinding(Key.J);                          //绑定键盘输入
        Fire.AddDefaultBinding(InputControlType.Action1);   //绑定手柄输入
        var left = CreatePlayerAction("Move Left");
        var right = CreatePlayerAction("Move Right");
        var up = CreatePlayerAction("Move Up");
        var down = CreatePlayerAction("Move Down"); //创建 PlayerAction
        right.AddDefaultBinding(Key.D);
        left.AddDefaultBinding(Key.A);
        up.AddDefaultBinding(Key.W);
        down.AddDefaultBinding(Key.S);                          //键盘部分绑定
        left.AddDefaultBinding(InputControlType.LeftStickLeft);
        right.AddDefaultBinding(InputControlType.LeftStickRight);
        up.AddDefaultBinding(InputControlType.LeftStickUp);
        //手柄部分绑定
        down.AddDefaultBinding(InputControlType.LeftStickDown);
```

```
        //绑定轴输入
        Move = CreateTwoAxisPlayerAction(left, right, down, up);
    }
}
```

但若已编写了一部分输入的管理器逻辑，也可以只使用它对不同手柄的支持部分，即只使用 InputManager 的 ActiveDevice 进行手柄输入的检测。示例代码如下：

```
var inputDevice = InControl.InputManager.ActiveDevice;
Debug.Log("Action1:" + inputDevice.Action1.IsPressed); //方块(X)
Debug.Log("Action2:" + inputDevice.Action2.IsPressed); //叉(A)
Debug.Log("Action3:" + inputDevice.Action3.IsPressed); //圆圈(B)
Debug.Log("Action4:" + inputDevice.Action4.IsPressed); //三角(Y)
Debug.Log("LeftStick:" + inputDevice.LeftStick.Value); //左摇杆
Debug.Log(" InputDevice.LeftBumper:" + inputDevice.LeftBumper);//L1(LB)
Debug.Log(" InputDevice.RightBumper:" + inputDevice.RightBumper);//R1(RB)
//L2(LT)
Debug.Log(" InputDevice.LeftTrigger:" + inputDevice.LeftTrigger.Value);
//R2(RT)
Debug.Log(" InputDevice.RightTrigger:" + inputDevice.RightTrigger.Value);
//L3
Debug.Log(" InputDevice.RightStickButton:" + inputDevice.RightStickButton);
//R3
Debug.Log(" InputDevice.LeftStickButton:" + inputDevice.LeftStickButton);
inputDevice.SetLightColor(Color.red);          //PS4手柄的发光
inputDevice.Vibrate(0.5f, 0.5f);
//震动
```

以上就是常规按键对应的映射类型。对于更多的扩展，开发者可参考插件文件夹内的自带案例进行学习。

7.3.2 Final-IK 插件的使用

IK（Inverse Kinematics）是一种反向动力学的骨骼控制方式。与 IK 相对的是 FK（Forward Kinematics），也就是传统的正向骨骼控制方式，它更像摆动木制关节小人；而 IK 则更像是提线木偶，更像是自然关节的运动。它们的运动方式如图 7.13 所示。在 3D 软件中导出动画时，通常都会自动将 IK 转换为 FK 动画。

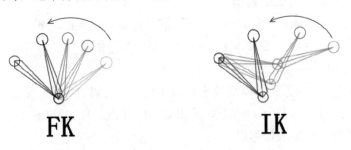

图 7.13 IK 与 FK 运动方式示意图

在游戏中往往需要角色双脚准确地匹配不同高度、不同凹凸的地面，此时就需要借助脚关节 IK 来实现。Unity 在 Animator 的人形动画部分内置了一些人形的 IK 实现，但对于四足动物或多足机器人而言，Animator 便稍显欠缺。这时就需要借助一些 IK 插件去进行实现了，Final-IK 不仅可以对指定关节绑定 IK，还可以对已有人形骨架进行细节上的优化。

开发者可以在资源商店购买与下载 Final-IK 插件，这里针对它的 Demo 文件夹内的不同 IK 类型稍做讲解。

- Aim IK：提供对手持武器、枪械的瞄准矫正功能，需挂载 AimIK 脚本并设置对应的影响关节。
- Biped IK：人形关节 IK，分为 BipedIK 和 FullBodyBipedIK（FBBIK）脚本，前者提供了更好的性能，而后者则提供了更细致的 IK 绑定及调节参数。
- CCD IK：自定义多关节的 IK 绑定，可通过 RotationLimit 系列脚本实现不同关节的旋转约束，比较适合机械臂等金属器械的模拟。
- FABR IK：与 CCD IK 类似，但由于每个关节不需要和末端对齐，所以更适合对软体动物的触须或者绳索的模拟。
- Limb IK：主要针对三段式关节进行 IK 的模拟，有点类似于 TrigonometricIK 脚本，其表现效果与手、脚等肢体类似。
- Look At IK：使模型看向目标，与 Animator 中人形动画的 LookAt 不同，它可以设置更多的影响关节并以曲线和权重控制它们的强弱。

可以说大部分 IK 工作都是对 FullBodyBipedIK 进行操作的，FinalIK 的这些特性可以被运用在项目中的如下几个方面。

- 地面高度匹配：当角色站在凹凸不平的地面或斜面时，双脚会被匹配在不同高度的位置，在插件文件夹的 _DEMOS/Grounder/Grounder 目录内可以找到相关参考，其中还提供了四足动物及其他物体的高度匹配脚本。
- 非人形角色 IK：通过 FABR IK、Limb IK 等可以对非人形角色进行关节 IK 的绑定，具体见 Demo 中的 Mech Spider 案例。
- 受击效果增强：通过 IK 绑定可以实现对敌人不同部位的受击产生影响，具体可见 Demo 中的 Hit Reaction 案例。
- 定制化的交互：如开门等动作，通过 Final IK 的 Interaction System，可以对不同 IK 交互行为进行曲线以及参数上的修正，而不仅是修改 IK 目标点位置，具体可见 Demo 中的 Interaction 系列案例。
- 布娃娃 Ragdoll 效果：布娃娃效果是指在敌人死后以自然死亡姿态倒地，而非固定动画姿势。可参考 Demo 中的 Ragdoll Utility 案例，使用 Final IK 的内置 Ragdoll，实现可以更方便地进行调用。

总的来说，无论是对 IK 功能的硬性需求还是动画表现效果上的提升，将 Final-IK 插件纳入项目中都是不错的选择。但使用者也需注意其性能问题，去衡量哪些对象适合使用局部 IK，哪些对象应该使用 BipedIK 等。

7.3.3　音频管理

游戏中的音频管理主要针对背景音乐和音效两部分进行处理，并提供一些诸如环境混音、多音轨背景音乐等上层功能。在本节中不会涉及 Wwise、FMod 等外部音频工具，主要是讲解背景音乐及音效在管理部分的逻辑处理，并提供一个相对标准的脚本实现。

在 Unity 中，每个音频文件被称为 AudioClip，它们可以被放置在一个叫作 AudioSource 的组件容器内，并通过 AudioListener 组件获得场景内的声音然后播放，通常这个脚本被挂载在主相机上。AudioSource 组件除了作为音频的容器，还可以对音频进行一些细节设置，通过设置 AudioMixerGroup 混音或直接修改 Pitch 等参数以获得不同的播放效果，并做出洞窟、空旷舞台等不同环境的音效表现。这样一个音频管理器的结构大致如图 7.14 所示。

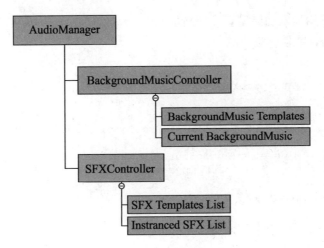

图 7.14　音频管理器

这里我们通过组合的方式将背景音乐控制器（BackgroundMusicController）与音效控制器（SoundFXController）组合进音频管理器内，并提供初始化及调用的接口转发。

（1）首先开始背景音乐控制器的编写工作。背景音乐一般只需要对一个现有的 AudioSource 做循环播放即可，音乐的切换受场景内区域与触发框而决定，暂不考虑多音轨及淡出淡入的情况。先编写基本的模板注册与反注册逻辑，模板可根据关卡需要进行优化处理，没有用到的背景音乐无需注册。Volume 值负责控制整体背景音乐的音量大小。

```
public class BackgroundMusicController
{
```

```
    const float MAX_VOLUME = 1f;              //音量最大值
    List<AudioSource> mTemplateList;          //模板列表
    AudioSource mCurrentAudioSource;
    public AudioSource CurrentAudioSource { get { return mCurrent
AudioSource; } }                             //当前音源，用于外部直接修改
    //模板列表
    public List<AudioSource> TemplateList { get { return mTemplateList; } }
    public float Volume { get; set; }   //背景音乐整体音量
    public BackgroundMusicController()
    {
        mTemplateList = new List<AudioSource>();
        Volume = MAX_VOLUME;
    }
    public void RegistToTemplate(AudioSource audioSource)   //注册到模板
    {
        mTemplateList.Add(audioSource);
    }
    public void UnregistFromTemplate(AudioSource audioSource)//反注册模板
    {
        mTemplateList.Remove(audioSource);
    }
}
```

（2）接下来开始加入功能逻辑，分别是 Volume 的绑定，以及播放和停止背景音乐。

```
//...省略部分，接上半部分代码
public void Update()                         //更新逻辑
{
    if (mCurrentAudioSource != null) mCurrentAudioSource.volume = Volume;
}
//获取某个已注册的音源
public AudioSource FindAudioSourceFromTemplate(string name)
{
    var result = default(AudioSource);
    for (int i = 0, iMax = mTemplateList.Count; i < iMax; i++)
    {
        if (mTemplateList[i].name == name)   //名称比较
        {
            result = mTemplateList[i];
            break;
        }
    }
    if (result == null) throw new System.Exception("无法获取要播放的音频:" + name);
    return result;
}
public void PlayMusic(string name)           //播放目标背景音乐
{
    Stop();                                  //先尝试停止正在播放的背景音乐
    mCurrentAudioSource = FindAudioSourceFromTemplate(name);
    mCurrentAudioSource.volume = Volume;     //赋予音量
    mCurrentAudioSource.Play();
}
public void Stop()                           //停止当前背景音乐
{
```

```
    if (mCurrentAudioSource != null) mCurrentAudioSource.Stop();
    mCurrentAudioSource = null;
}
```

（3）接着开始编写音效控制器的逻辑内容。由于音效存在频繁编辑和调节的情况，这里将增加一个元数据对象，加入偏移音量控制等参数。

```
[CreateAssetMenu(fileName = "SoundFXData.asset", menuName = "SoundFXData")]
public class SoundFXData : ScriptableObject
{
    [Range(0f, 1f)] public float volume = 1f;          //音量
    public float offset;                                //偏移
    public AudioClip audioClip;                         //剪辑对象链接
    [HideInInspector] public float birthFrame;          //创建帧
    [HideInInspector] public AudioSource audioSource;   //音源对象
    [HideInInspector] public float lifeTimer;           //销毁倒计时
}
```

随后开始编写控制器的基础逻辑。依然是变量的定义以及模板的注册与反注册内容。

```
public class SoundFXController
{
    const float MAX_VOLUME = 1f;                   //音量最大值
    List<SoundFXData> mCurrentSoundFXList;          //当前正播放的音效列表
    List<SoundFXData> mTemplateList;                //音效模板列表
    public float Volume { get; set; }              //整体音量
    public List<SoundFXData> CurrentSoundFXList { get { return mCurrent
SoundFXList; } }                                    //当前音效
    //模板列表
    public List<SoundFXData> TemplateList { get { return mTemplateList; } }

    public SoundFXController()
    {
        Volume = MAX_VOLUME;
        mCurrentSoundFXList = new List<SoundFXData>();
        mTemplateList = new List<SoundFXData>();
    }
    public void RegistToTemplate(SoundFXData template) //音效模板注册
    {
        mTemplateList.Add(template);
    }
    public void UnregistFromTemplate(SoundFXData template) //音效模板反注册
    {
        mTemplateList.Remove(template);
    }
}
```

（4）继续加入音效控制器的功能逻辑。需要注意，当多个同样的音效在同一帧被播放时，会导致音量放大的问题。因此这里加入了帧判断以避免问题的产生。

```
public class SoundFXController
{
    //...省略内容，接上半部分代码
```

```
        public void StopAllSFX()                     //停止所有的音效
        {
            for (int i = mCurrentSoundFXList.Count - 1; i >= 0; i--)
                DestroySFX(mCurrentSoundFXList[i]);
        }
        public void Update()                          //销毁及 Volume 更新逻辑
        {
            for (int i = mCurrentSoundFXList.Count - 1; i >= 0; i--)
            {
                var item = mCurrentSoundFXList[i];
                item.lifeTimer -= Time.deltaTime;
                if (item.lifeTimer <= 0f) DestroySFX(item);
                else item.audioSource.volume = item.volume * Volume;
            }
        }
    public AudioSource PlaySFX(string name, AudioMixerGroup audioMixerGroup
= null,
Vector3? point = null)
        {
            if (Volume <= 0) return null;     //音量设定为 0，则跳出播放
            var targetSFXTemplate = mTemplateList.Find(m => m.audioSource.name
== name);
            if (targetSFXTemplate == null) Debug.LogError("无法获取要播放的音频:"
+ name);
            for (int i = 0, iMax = mCurrentSoundFXList.Count; i < iMax; i++)
            {
                if (mCurrentSoundFXList[i].audioSource.name == name
                    && mCurrentSoundFXList[i].birthFrame == Time.frameCount)
                    return null;
            }//避免同一帧播放多个同样的音效，因为这样会导致声音被放大
            return PlaySFX(targetSFXTemplate, audioMixerGroup, point);
        }
    AudioSource PlaySFX(SoundFXData templateData, AudioMixerGroup audio
MixerGroup, Vector3? point = null)
        {
            var instancedSFX = UnityEngine.Object.Instantiate(templateData.
audioSource.gameObject);
            instancedSFX.gameObject.SetActive(true);      //从模板实例化
            var targetAudioSource = instancedSFX.GetComponent<AudioSource>();
            targetAudioSource.outputAudioMixerGroup = audioMixerGroup;
            if (point != null)                            //若是 3D 音效，则设置位置
                instancedSFX.transform.position = point.Value;
            if (templateData.offset > 0)
            {
                targetAudioSource.PlayDelayed(templateData.offset);
            }
            else
            {
                targetAudioSource.time = -templateData.offset;
                targetAudioSource.Play();
            }//偏移的逻辑处理
            targetAudioSource.volume = templateData.volume * Volume;
            var soundFXData = ScriptableObject.CreateInstance<SoundFXData>();
            soundFXData.audioSource = targetAudioSource;
```

```
        soundFXData.lifeTimer = templateData.audioClip.length;
        mCurrentSoundFXList.Add(soundFXData);          //将音效对象加入列表
        return targetAudioSource;
    }
    void DestroySFX(SoundFXData soundFXData)            //销毁音效的处理
    {
        mCurrentSoundFXList.Remove(soundFXData);
        UnityEngine.Object.Destroy(soundFXData.audioSource.gameObject);
    }
}
```

当调用音效播放接口时，如果有位置信息传入，则为 3D 音效，否则作为 2D 音效处理。PlaySFX 函数中的第二个参数 AudioMixerGroup 提供了混音信息的传入，当调用该函数播放音效时，应当获取当前区域的混音信息并进行播放。

（5）最后来编写音频管理器的逻辑，将背景音乐、音效控制器进行整合。由于需要 Update 函数进行更新，这里将其创建为 MonoBehaviour 单例类。

```
public class AudioManager : MonoBehaviour
{
    static bool mIsDestroying;
    static AudioManager mInstance;
    public static AudioManager Instance
    {
        get
        {
            if (mIsDestroying) return null;
            if (mInstance == null)
            {
                mInstance = new GameObject("[AudioManager]").AddComponent
<AudioManager>();
                DontDestroyOnLoad(mInstance.gameObject);
            }
            return mInstance;
        }
    }//mono 单例
    void OnDestroy()
    {
        mIsDestroying = true;
    }
}
```

加入控制器与接口转发逻辑。

```
public class AudioManager : MonoBehaviour
{
    SoundFXController mSoundFXController;
    BackgroundMusicController mBackgroundMusicController;
```

```
    //省略单例创建逻辑
    //省略大量的纯转发接口（PlaySFX、StopAllSFX 等）
    void Awake()
    {
        mSoundFXController = new SoundFXController();
        mBackgroundMusicController = new BackgroundMusicController();
    }
    void Update()                              //更新绑定
    {
        mSoundFXController.Update();
        mBackgroundMusicController.Update();
    }
}
```

由于转发接口并没有逻辑内容，故此处将其省略。接下来编写初始化逻辑，将音频文件载入其中。

```
//省略部分代码
//背景音乐初始化路径常量
const string BackgroundMusic_TEMPLATE_RES_PATH = "Audio/BackgroundMusic";
//音效初始化路径常量
const string SoundFX_TEMPLATE_RES_PATH = "Audio/SoundFX";

public void Initialization()                  //初始化时自动通过常量路径进行加载
{
    if (!string.IsNullOrEmpty(BackgroundMusic_TEMPLATE_RES_PATH))
    {
        var resAudioClipArray = Resources.LoadAll<AudioClip>
(BackgroundMusic_TEMPLATE_RES_PATH);
        foreach (var item in resAudioClipArray)
        {
            var go = new GameObject(item.name);
            go.transform.parent = transform;
            var audioSource = go.AddComponent<AudioSource>();
            audioSource.clip = item;
            audioSource.loop = true;
            audioSource.playOnAwake = false;
            //注意，这里是被省略的转发函数
            RegistToBackgroundMusicTemplate(audioSource);
        }
    }
    if (!string.IsNullOrEmpty(SoundFX_TEMPLATE_RES_PATH))
    {
        var resAudioClipArray = Resources.LoadAll<SoundFXData>(SoundFX_
TEMPLATE_RES_PATH);
        for (int i = 0; i < resAudioClipArray.Length; i++)
        {
```

```
        var item = resAudioClipArray[i];
        var go = new GameObject(item.name);
        go.transform.parent = transform;
        var audioSource = go.AddComponent<AudioSource>();
        audioSource.clip = item.audioClip;
        audioSource.playOnAwake = false;
        audioSource.spatialBlend = 0;//2D
        var sfxData = Instantiate(item);
        sfxData.audioSource = audioSource;
        RegistToSoundFXTemplate(sfxData);      //注意, 这里是被省略的转发函数
    }
  }
}
```

　　将 Resources 下的目录定义为常量, 并在初始化函数中将它们加载。至此, 音频管理器的脚本编写完成。

第 8 章　画面特效与后处理

随着技术的日新月异与引擎支持的提升，越来越多的新的着色器、异构计算等特性进入了开发者的视野。可以借助 SurfaceShader 编写基于 PBR（Physically Based Rendering）的着色器特效，也可使用 CommandBuffer 更为细致的操作于不同渲染环节，开发者通过 Post-ProcessingStack 程序包可以便捷地对屏幕后处理进行自定义扩展。本章将围绕这些内容进行讲解。

8.1　着色器 Shader

在这一节中将针对一些作用于物体的常用 Shader（着色器）进行讲解，包括边缘发光、死亡溶解等。开发者可以将其运用在游戏中，如攻击霸体敌人触发的边缘光效果、敌人通过溶解特效渐现与溶解消失等。

8.1.1　3D 游戏中的常见 Shader

Unity 提供了两种自定义 Shader 的方案供我们扩展，一种是 V&F Shader，即普通的 Vert/Frag 顶点片段 Shader，它可以在 Project 面板中通过右击 Create | Shader | Unlit Shader 按钮进行模板创建。还有一种是基于 Unity 内部的 PBR 实现并基于此扩展的 SurfaceShader，它可以在 Create | Shader | Standard Surface Shader 中进行模板创建。开发者可根据需要选择对应种类的 Shader，例如是否为特效或 UI，是否是场景内的 3D 元素等来进行编写。

针对一些常用类型的 Shader，下面将按照功能进行简单的介绍。

- 翻页动画：指将图片按照不同的切割区域进行播放，从而实现一些动画效果，这类图片被叫作 Sheet，Unity 中的粒子系统也具备对该功能的支持。通常这项功能会被组合进 Shader 中进行进一步的使用。
- 顶点偏移：通过 tex2Dlod 函数可以在顶点着色器内进行贴图采样，从而达到顶点噪声偏移的效果。借助顶点修改，可以实现顶点扭曲布料等效果。
- 广告牌（Billboard）：始终面朝摄像机的面片，在 Shader 中有多种方式可以实现，游戏中一些星状的 HUD 高亮提示可以基于它与顶点旋转的处理去实现。

- UV 偏移/UV 扰动：如河流、障壁、熔岩等都会用到，通过内置变量 _Time 将时间信息作为系数加入到 UV 中去，可以用一张扰动图来作为强度信息，并合理利用扰动图的 RGB 通道来增强表现效果。
- 屏幕抓取：在制作如刀光空气扭曲或格挡弹反的波纹时都会用到，早期使用 GrabPass 获取屏幕信息，现在可以借助 CommandBuffer 去获取。获取后可使用一张法线贴图进行偏移，以更好地处理折射扭曲。
- 点乘：使用当前观测位置与模型顶点或像素位置进行点乘可以制作边缘发光、菲涅尔（Fresnel）、虚拟灯光等效果。

接下来将讲解一些常见效果的具体操作部分。

8.1.2　死亡径向溶解效果

敌人死亡溶解是游戏中较为多见的特效，也可将其反向播放以制作敌人汇聚出现的效果。

一般使用垂直方向进行径向溶解，溶解的透明区域可使用剔除（Clip）进行实现。通过获取当前像素的世界坐标位置并进行比较，即可判断该像素是否应该进行剔除处理。

（1）我们使用默认的 StandardSurfaceShader 模板来进行第一步的代码编写。由于该模板的代码量较多，所以此处省略模板内的原英文注释内容。

```
Shader "Custom/DissolveSurfaceShader"
{
    //Properties 部分的代码省略
    SubShader
    {
        Tags { "RenderType" = "Opaque" }
        LOD 200
        CGPROGRAM
        #pragma surface surf Standard fullforwardshadows
        #pragma target 3.0
        struct Input
        {
            float2 uv_MainTex;
            half3 worldPos;            //这是一个内部的默认变量，表示世界坐标位置
        };
        //字段声明部分的代码省略
        void surf(Input IN, inout SurfaceOutputStandard o)
        {
            if (IN.worldPos.y < 1.0) //如果世界坐标的 y 小于 1，则执行裁剪
                clip(-0.1);
            //省略部分代码，即默认 surf 赋值操作
        }
        ENDCG
    }
}
```

通过 unity_ObjectToWorld 矩阵可以将本地空间的顶点坐标转换为世界空间坐标。但 SurfaceShader 中可以省去一些操作，一些常用信息都放置于默认变量中，需要使用时对其进行定义即可。worldPos 这个默认变量存放已经转换好的世界坐标位置，可以直接进行 y 轴坐标比较判断。

这里做一个简单的世界位置剔除操作以测试，此时模型位于 y 轴 1 以下的像素都会被剔除掉。丢弃像素的操作可通过内置的 clip 剔除函数处理，其参数小于 0，则像素会被丢弃，效果等同于内置关键字 discard。

（2）既然可以对世界坐标进行处理，自然也可以给一个范围通过插值来控制剔除了。这里我们将 Bounds 的 Min、Max 作为范围控制参数从 C# 脚本中传入 Shader。

```
public class SetBounds : MonoBehaviour
{
    public MeshRenderer meshRenderer;           //传入的网格渲染器组件
    void Start()
    {
        var bounds = meshRenderer.bounds;
        var boundsMin = bounds.min;
        meshRenderer.material.SetVector("_ModelBounds_Min", new Vector4
(boundsMin.x, boundsMin.y, boundsMin.z));
        //将 Bounds 的最小位置信息传入当前的实例材质球
        var boundsMax = bounds.max;
        meshRenderer.material.SetVector("_ModelBounds_Max", new Vector4
(boundsMax.x, boundsMax.y, boundsMax.z));
        //将 Bounds 的最大位置信息传入当前的实例材质球
    }
}
```

Shader 这边也增加字段，并编写处理逻辑。

```
CGPROGRAM
//省略部分代码
//Shader 这边也同步增加对应字段
float4 _ModelBounds_Min;                        //BoundsMin 信息
float4 _ModelBounds_Max;                        //BoundsMax 信息
half _Mask;                                     //添加的遮罩参数
//省略部分代码
void surf (Input IN, inout SurfaceOutputStandard o)
{
    //省略部分代码
    //插值并比较
    if (i.worldPos.y <= lerp(_ModelBounds_Min.y, _ModelBounds_Max.y, _Mask))
//这里使用 Y 轴方向进行剔除处理，也可以修改为其他方向
        clip(-0.1);
    //省略部分代码
}
ENDCG
```

随后在 Properties 中添加 Mask 字段。

```
Properties
{
    _MainTex ("Texture", 2D) = "white" {}
    _Mask("Mask", range(0, 1)) = 0                              //添加字段
}
```

（3）此时为不带噪声的径向剔除效果。接下来将删除 Bounds 的插值逻辑，增加溶解噪声的部分逻辑。通过加入噪声贴图并进行 Mask 遮罩处理，可以只让 Mask 参数周边的部分有噪声效果，这里可通过两层的 Lerp 插值去实现，如图 8.1 所示。

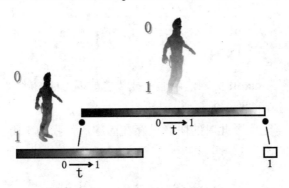

图 8.1　噪声插值方式示意图

由图 8.1 可知，在最终插值的两端部分是没有噪声效果的，而噪声部分只停留在中间区域。这是因为左侧的插值与上侧的插值共享插值系数 t，当 t 为 0 时，上侧的插值结果肯定是 0；当 t 为 1 时，上侧的插值结果又会全部变为右侧 1 的白色颜色，这时结果肯定为 1。我们可以进一步增加系数来对这一段区域进行调节。首先在 Properties 中加入一些字段。

```
Properties
{
    _NoiseTex("Noise Texture", 2D) = "white" {}              //噪声材质
    _Mask("Mask", range(-1, 1)) = 0                          //遮罩值
    _NoiseThickness("Noise Thickness", range(0, 5)) = 0      //噪声厚度
}
```

接下来在 Shader 中增加一个函数，用来处理当前位置像素的剔除权重。

```
float ProcessNoiseDisslove(float3 wPos, float2 noiseTexUV)//噪声溶解处理
{
    fixed4 noiseCol = tex2D(_NoiseTex, noiseTexUV);          //噪声图采样
    half weight = (_ModelBounds_Max.y - wPos.y) / (_ModelBounds_Max.y -
_ModelBounds_Min.y);
    //这个权重范围是相对于 Bounds 在 y 轴的权重，范围为 0~1
    weight = saturate(weight + _Mask);                       //权重加上 Mask 偏移
    weight = lerp(lerp(0, noiseCol.r, weight*_NoiseThickness), 1, weight);
    //之前图里说的两次插值，权重乘以噪声厚度
    return weight;                                           //返回最终权重
}
```

通过与 Bounds 相减获得与世界坐标位置的相对权重，加上 _Mask 字段可以对权重进行偏移，saturate 函数将偏移结果控制在 0～1 的范围之内。随后对其进行如图 8.1 所示的二次插值，得到当前像素位置应有的权重值以决定是否裁剪，_NoiseThickness 为控制噪声的厚度。

在 surf 函数中对其调用并裁剪即可丢弃掉已被溶解的像素。而分型噪声贴图则可以在 Photoshop 中使用 Fibers（纤维）滤镜进行生成并贴在材质球上，或到资源商店里进行下载。

```
void surf (Input IN, inout SurfaceOutputStandard o)
{
    clip(ProcessNoiseDisslove(IN.worldPos, IN.uv_MainTex) - 0.5);
    //省略常规输出部分的代码
}
```

减去 0.5 可以理解为 cutoff 的阈值。通过挂载之前编写的 C#脚本传入 Bounds 信息，即可通过 Mask 参数调节溶解进度。

但到这一步还没有完成，此时的阴影是存在问题的，我们将阴影链接的函数替换为 addshadow 即可支持剔除区域的阴影。

```
CGPROGRAM
//#pragma surface surf Standard fullforwardshadows
#pragma surface surf Standard addshadow                //替换 addshadow
```

至此，敌人的径向溶解效果完成，如图 8.2 所示。

图 8.2　径向溶解效果示意图

8.1.3　受击边缘泛光效果

游戏中角色的边缘泛光（RimLight）效果不仅可以提示受击，还可以用于游戏中物品提示上的增强。它其实是通过当前视线方向与模型法线方向进行点乘而得到的效果。

（1）下面进行编写。该效果同样使用 SurfaceShader 的模板进行实现，并省略一些模板代码与注释。

```
Shader "Custom/RimSurfaceShader"
{
```

```
Properties
{
    //Properties 部分省略的代码
    _BumpMap("Normal Map", 2D) = "bump" {}          //额外添加法线贴图
}
SubShader
{
    Tags { "RenderType"="Opaque" }
    LOD 200
    CGPROGRAM
    #pragma surface surf Standard fullforwardshadows
    #pragma target 3.0
    struct Input
    {
        float2 uv_MainTex;
        half3 viewDir;                //默认变量，当前视线方向
        half2 uv_BumpMap;             //默认变量，解包法线贴图需要用到的 uv
    };
    sampler2D _BumpMap;               //法线贴图字段声明
    //其余字段声明部分的代码省略
    void surf (Input IN, inout SurfaceOutputStandard o)
    {
        o.Normal = UnpackNormal(tex2D(_BumpMap, IN.uv_BumpMap));
        o.Emission = 1 - saturate(dot(normalize(IN.viewDir), o.Normal));
        //省略部分代码，即默认 surf 赋值操作
    }
    ENDCG
}
FallBack "Diffuse"
}
```

　　由于边缘发光需要获得模型法线信息，而模型法线又会被法线贴图所修改，所以这里直接加入法线贴图参数的传入，并通过计算法线贴图后的法线进行边缘泛光处理。viewDir 是当前视线方向的默认变量，uv_BumpMap 是解包法线时所需的 UV 变量。这样，在 surf 函数中传值时解包法线并进行点乘操作即可，而边缘的点乘信息要明显小于中心值，所以用 1 减去以反转，并将结果赋予 Emission 通道，如图 8.3 所示。

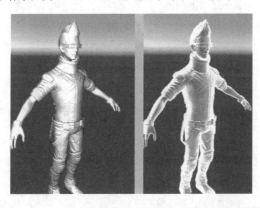

图 8.3　左：点乘未反转的结果；右：点乘反转后的结果

（2）接下来继续为泛光强度、颜色细节增加调节参数。

```
Shader "Custom/RimSurfaceShader"
{
    Properties
    {
        //Properties部分的代码省略
        _RimColor("Rim Color", Color) = (1,0.0, 0.0, 0.0)      //发光颜色
        _RimPower("Rim Power", float) = 2.0                     //发光强度
    }
    SubShader
    {
        Tags { "RenderType"="Opaque" }
        LOD 200
        CGPROGRAM
        //省略字段声明部分的代码
        fixed4 _RimColor;                      //边缘发光的颜色
        half _RimPower;                        //边缘发光的强度
        void surf (Input IN, inout SurfaceOutputStandard o)
        {
            o.Normal = UnpackNormal(tex2D(_BumpMap, IN.uv_BumpMap));
            half rim = 1.0 - saturate(dot(normalize(IN.viewDir), o.Normal));
            //计算强度并乘以颜色得到最终的发光值
            o.Emission = _RimColor.rgb * pow(rim, _RimPower);
            //省略部分代码
        }
        ENDCG
    }
}
```

这里的_RimPower 参数用于控制泛光边缘，它通过 pow 指数上升的方式得到更锐化的边缘，并乘以泛光颜色_RimColor 得到最终边缘的泛光效果。

8.1.4　基于屏幕门的抖动透明

受延迟着色管线（Deferred Shading）的影响，半透明物体的绘制需要回到正向管线（Forward Shading）部分进行，这样就降低了 GPU 的绘制效率。此外，由于半透明物体绘制的模型深度关系，时而也会产生类似于 X 光的层次透显问题。因此，我们采用一种基于屏幕门（Screen-Door）的视觉欺骗效果来达到代替半透明的目的。在近距离相机剔除或者物体消隐上都有不错的效果，如图 8.4 所示。

可以想象，一个充满小洞的不透明表面，随着小洞的密集程度的增加，在视觉感官上将逐渐变得透明。

这里使用的方式叫作 OrderedDithering，它的剔除结果较为规律，通过对应的矩阵，生成一系列有序数列，并进行屏幕位置取余的采样，当 alpha 阈值不断降低时，若采样到这组数列较高值的像素，则将被剔除。可以将其想象成一个立体空间，这些剔除点沿 Y

轴分布，越往上越多，而 alpha 值则类似筛子一样上下滑动，不断使剔除点生效。如图 8.5 所示，虚线为 Opacity 不透明度，也就是 alpha 值。

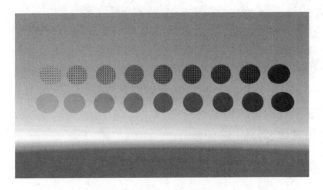

图 8.4　基于屏幕门的抖动透明效果示意图

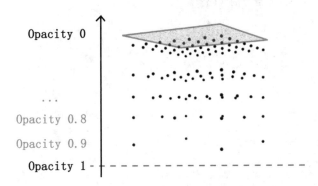

图 8.5　OrderedDithering 剔除方式示意图

接下来开始编写代码，而抖动矩阵，这里参考 OrderedDithering 在 Wiki 页面内给出的矩阵，先来编写抖动剔除函数。

```
half _8x8DitherClip(half value, half2 sceneUVs)//8x8 抖动处理函数
{
    if (value <= 0) return -0.1;
    //由于矩阵内有 0，所以存在刚好为 0 的情况
    //这里加以判断，直接剔除
    half2 ditherUV = half2(fmod(sceneUVs.x, 8), fmod(sceneUVs.y, 8));
    //屏幕坐标取余数
    const float dither[64] = {                    //使用 8×8 的抖动矩阵
        0, 48, 12, 60,  3, 51, 15, 63,
        32, 16, 44, 28, 35, 19, 47, 31,
        8, 56,  4, 52, 11, 59,  7, 55,
        40, 24, 36, 20, 43, 27, 39, 23,
        2, 50, 14, 62,  1, 49, 13, 61,
```

```
        34, 18, 46, 30, 33, 17, 45, 29,
        10, 58,  6, 54, 9, 57,  5, 53,
        42, 26, 38, 22, 41, 25, 37, 21 };
    int index = ditherUV.y * 8 + ditherUV.x;
    return value - dither[index] / 64;        //返回值可直接作为 clip 函数的参数
}
```

此处直接复制维基百科页面的 8×8 矩阵进行处理。由于矩阵中存在 0 的情况，所以在第一行中单独进行 alpha 为 0 的判断。之后对屏幕坐标取余并在矩阵内采样即可，返回值可以直接作为 clip 函数的传入参数进行裁剪。

接下来将函数与具体 Shader 进行整合。

```
Shader "Custom/SurfaceShader(OrderedDither)"
{
    Properties
    {
        //Properties 部分的代码省略
    }
    SubShader
    {
        Tags { "RenderType" = "Opaque" }
        LOD 200
        CGPROGRAM
        #pragma surface surf Standard fullforwardshadows
        #pragma target 3.0
        struct Input
        {
            float2 uv_MainTex;
            half4 screenPos;                    //默认变量，当前屏幕空间位置
        };
        //字段声明部分的代码省略
        //8×8 抖动处理函数，函数体部分省略
        //half _8×8DitherClip(half value, half2 sceneUVs)
        void surf(Input IN, inout SurfaceOutputStandard o)
        {
            half alpha = _Color.a;                  //当前的 alpha 值
            //将屏幕坐标转换为 2D uv
            half2 screen_2d_uv = IN.screenPos.xy / IN.screenPos.w;
            //乘以屏幕宽高像素，转换为具体像素值
            half2 screenPixel = screen_2d_uv * _ScreenParams.xy;
            clip(_8x8DitherClip(alpha, screenPixel));    //裁剪操作
            //省略部分代码，即默认 surf 赋值操作
        }
    ENDCG
    }
}
```

这样就完成了函数与 Shader 的整合，可以通过修改_Color 的 alpha 颜色分量来查看抖

动透明的效果。

8.2　CommandBuffer 的使用

在 Unity 5 的版本中，官方加入了 CommandBuffer 功能，这使得在处理一些管线阶段的效果时开发者可以很方便地扩展自己想要的操作，诸如绘制网格、进行 Blit 位块处理等。本节将针对 CommandBuffer 的常用案例进行讲解。

8.2.1　CommandBuffer 简介

CommandBuffer 更像是一个工具，通常被运用在相机、灯光等渲染扩展上。但这里只针对相机部分的挂载进行讲解，将分为三个部分对其梳理：首先是它的使用与操作，即如何进行注册并将其注册到对应的渲染阶段；第二部分是对其常用操作进行枚举，开发者可以通过这些常用操作去组合实现一些功能；最后将讲解如何使用 FrameDebugger 对它进行调试。

1. CommandBuffer的基本操作

通过 Camera 的 AddCommandBuffer、RemoveCommandBuffer 等接口，可以进行它在相机上的注册与移除操作。下面来看一下具体的案例代码。

```
public class CommandBuffer_RegistDemo : MonoBehaviour
{
    CommandBuffer mTestCB;
    void OnEnable()
    {
        mTestCB = new CommandBuffer();               //创建
        mTestCB.name = "Test CommandBuffer";     //CommandBuffer 的名称
        //具体操作
        //mTestCB.SetRenderTarget(...)
        //mTestCB.DrawMesh(...)
        //mTestCB.Blit(...)
        Camera.main.AddCommandBuffer(CameraEvent.AfterImageEffects, mTestCB);
        //添加到相机
    }
    void OnDisable()
    {
        Camera.main.RemoveCommandBuffer(CameraEvent.AfterImageEffects,
mTestCB);
        //从相机中移除
```

```
    }
}
```

创建 CommandBuffer 后可以指定其具体操作，通过调用 Clear 方法可在不重新创建的情况下更新当前 CommandBuffer 的绘制内容。CommandBuffer 在注册时需要指定注册的渲染阶段，选择何种渲染阶段应依据当前渲染管线类型而定，例如正向光照下设定 GBuffer 渲染之后的操作不会有效，这一点开发者需要注意。

2．CommandBuffer的常用接口

此处列举了一些 CommandBuffer 的常用接口，并进行介绍。

- DrawMesh/DrawProcedural/DrawRenderer：渲染网格或程序化渲染，需要注意当前的渲染目标，通常使用 DrawRenderer 进行绘制以省去不少麻烦，此外若 Shader 带有多个 pass 需进行指定，如 Standard Shader。

- GetTemporaryRT/ReleaseTemporaryRT：可创建一张内部 RenderTexture，需通过调用 Shader.PropertyToID，以得到其名称的 ID 号并作为参数传入创建，当需要将这个内部 RT 转为 RenderTexture 对象操作时，可通过绘制 Quad 的方式将其渲染出来。其内部是池的形实，所以在 CommandBuffer 的一组操作中获取的 RendeRTexture 也要在操作完后放回去。

- SetGlobalInt/SetGlobalFloat ...：当操作进行到这一步时更新全局的 Shader 参数。

- SetRenderTarget/ClearRenderTarget：设置时可指定当前的渲染目标，如绘制到指定 RenderTexture 或指定缓冲区上，可通过枚举类型 BuiltinRenderTextureType 进行指定或传入 RenderTexture 对象和内部 ID 进行指定。清空时可以对深度与颜色清空选项进行设置。

- Blit：位块操作，可传入 BuiltinRenderTextureType 枚举类型或者 RenderTexture、内部 ID。传入的材质球应使用屏幕滤镜 Shader 对材质进行处理。

- DispatchCompute：处理 ComputeShader，与之对应的还有一系列 ComputeShader 函数。

3．CommandBuffer的调试

通过 Unity 的 FrameDebugger 可以方便地对 CommandBuffer 的操作内容进行调试，该工具位于 Window | Analysis | Frame Debugger 下。打开面板后单击 Enable 按钮，即可对当前显示的内容进行抓取与分析。对应 CommandBuffer 的绘制流程也会出现在绘制步骤当中，如图 8.6 所示。

多个不同阶段的绘制插入也需要挂载多个 CommandBuffer 才行，但都可以在调试面板中进行查看与分析。

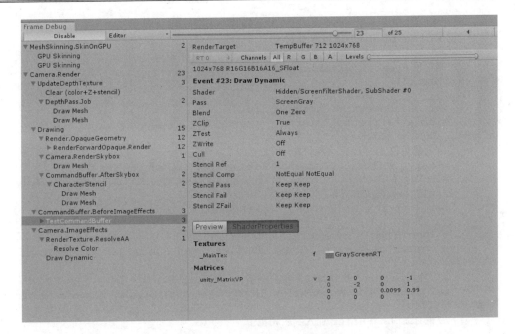

图 8.6　FrameDebugger 调试面板

8.2.2　制作主角特显效果

在动作游戏中往往需要对主角进行一些特殊显示的操作，如释放高阶技能时除自身外的屏幕区域变暗、一些基于屏幕的角色叠加残影等。这个案例就来用 CommandBuffer 去实现除主角外屏幕变暗的效果。

实现该效果可用 Mask 将角色以白色绘制并遮罩处理，也可以使用 Stencil 进行过滤。本案例将采用后者。Stencil 是存储在屏幕像素数据中的 8 位信息，Shader 可以对它进行判别与写入等操作。

这里可分为两步：第一步通过 CommandBuffer 的 DrawRenderer 函数直接将角色蒙皮网格进行绘制，并通过 Shader 写入 Stencil 为 1 的信息。第二步使用 Blit 位块操作进行滤镜处理，但可过滤 Stencil 为 1 的像素区域。

（1）首先来进行第一步的编写，即写入角色的 Stencil 信息。

```
public class ScreenDimmedFX : MonoBehaviour
{
    const string CHARACTER_STENCIL_CMD_BUFFER_NAME = "CharacterStencil";
    const string CHARACTER_STENCIL_SHADER_PATH = "ScreenDimmedFX/
CharacterStencilShader";
    //常量的定义
    public SkinnedMeshRenderer[] characterRenderers;
    //玩家渲染器数组
```

```
Material mCharacterStencilMaterial;
//玩家 Stencil 绘制的材质球对象
CommandBuffer mCharacterStencilCommandBuffer;
//绘制角色 Stencil 的 CommandBuffer
void Awake()
{
    var mainCamera = Camera.main;
    mCharacterStencilMaterial = new Material(Shader.Find(CHARACTER_
STENCIL_SHADER_PATH));
    //创建角色 Stencil 绘制的材质球
    mCharacterStencilCommandBuffer = new CommandBuffer();
    mCharacterStencilCommandBuffer.name = CHARACTER_STENCIL_CMD_BUFFER_NAME;
    //创建 CommandBuffer 并命名
    for (int i = 0; i < characterRenderers.Length; i++)
    {
        var item = characterRenderers[i];
        mCharacterStencilCommandBuffer.DrawRenderer(item, mCharacter
StencilMaterial);
    }//使用 Stencil 材质球绘制蒙皮网格
    mainCamera.AddCommandBuffer(CameraEvent.AfterSkybox, mCharacterStencil
CommandBuffer);
    //把 CommandBuffer 加入到主相机中
}
void OnDestroy()
{
    if (Camera.main)
    {
        Camera.main.RemoveCommandBuffer(CameraEvent.AfterSkybox, mCharacter
StencilCommandBuffer);
        //移除 CommandBuffer
    }
}
}
```

这里创建了屏幕变暗的脚本 ScreenDimmedFX。在脚本的 Awake 阶段会初始化 CommandBuffer，以将指定的蒙皮网格用 Stencil 的 Shader 绘制。接下来我们看一下 ScreenDimmedFX 对应的 Shader。

```
Shader "ScreenDimmedFX/CharacterStencilShader"
{
    Properties{}
    SubShader
    {
        Tags { "RenderType" = "Transparent" }
        Blend SrcAlpha OneMinusSrcAlpha
        //此处设为透明物，绘制时可以绘制 Alpha 为 0 的物体
        Pass
        {
            Stencil
            {
                Ref 1
                Comp Always
                Pass Replace
```

```
        }//此处的大概意思是，对于当前像素一律替换 Stencil 为 1 的值
        CGPROGRAM
        #pragma vertex vert
        #pragma fragment frag
        #include "UnityCG.cginc"
        struct appdata { float4 vertex : POSITION; };//只需要顶点数据即可
        struct v2f { float4 vertex : SV_POSITION; };
        v2f vert(appdata v)
        {
            v2f o = (v2f)0;
            o.vertex = UnityObjectToClipPos(v.vertex);
            return o;
        }
        fixed4 frag(v2f i) : SV_Target { return 0; }
        ENDCG
    }
  }
}
```

将 Shader 设置为透明混合 Shader，并以 Alpha 为 0 的值进行绘制，主要是为了让当前像素附着 Stencil 的信息。Stencil 部分将绘制像素都替换为 Stencil 为 1 的值。

（2）接下来进行第二步创建屏幕滤镜的操作。首先加入屏幕变暗的 CommandBuffer 操作内容至脚本中。

```
public class ScreenDimmedFX : MonoBehaviour
{
    //省略部分代码
    Material mScreenDimmedMaterial;
    //屏幕渐暗的材质球对象
    CommandBuffer mScreenDimmedCommandBuffer;
    //屏幕渐暗的 CommandBuffer
    void Awake()
    {
        var mainCamera = Camera.main;
        //省略部分代码
        mScreenDimmedMaterial = new Material(Shader.Find("ScreenDimmedFX/
ScreenFilterShader"));
        //创建屏幕渐暗的 CommandBuffer
        mScreenDimmedCommandBuffer = new CommandBuffer();
        mScreenDimmedCommandBuffer.name = "ScreenDimmedFX/ScreenFilterShader";
        //位块操作 RenderTexture 的 ID
        var tempRT_ID = Shader.PropertyToID("ScreenFilterRT");
        mScreenDimmedCommandBuffer.GetTemporaryRT(tempRT_ID, mainCamera.
pixelWidth, mainCamera.pixelHeight, 0);        //创建屏幕大小的 RenderTexture
        mScreenDimmedCommandBuffer.Blit(BuiltinRenderTextureType.
CameraTarget, tempRT_ID);                       //将屏幕内容传递给 RenderTexture
        mScreenDimmedCommandBuffer.Blit(tempRT_ID, BuiltinRenderTextureType.
CameraTarget, mScreenDimmedMaterial);          //进行滤镜操作并传回屏幕
        //用完后放回池中
        mScreenDimmedCommandBuffer.ReleaseTemporaryRT(tempRT_ID);
        mainCamera.AddCommandBuffer(CameraEvent.BeforeImageEffects,
mScreenDimmedCommandBuffer);                  //将其注册到相机 CommandBuffer 列表中
```

```
    }
    void OnDestroy()
    {
        if (Camera.main)
        {
            //省略部分代码
            Camera.main.RemoveCommandBuffer(CameraEvent.BeforeImageEffects,
mScreenDimmedCommandBuffer);
        }
    }
}
```

这里注册了一个 RenderTexture 以进行滤镜处理，并在处理完成后调用释放函数。接下来看一下滤镜的 Shader 部分。

```
Shader "ScreenDimmedFX/ScreenFilterShader"
{
    Properties
    {
        _MainTex("Base (RGB)", 2D) = "" {}          //屏幕内容会自动传入
    }
    CGINCLUDE
    #include "UnityCG.cginc"
    struct v2f
    {
        float4 pos : SV_POSITION;
        half2 uv : TEXCOORD0;
    };
    sampler2D _MainTex;
    float4 _MainTex_ST;
    v2f vert(appdata_img v)                //注意，屏幕滤镜需使用 appdata_img 结构
    {
        v2f o = (v2f)0;
        o.pos = UnityObjectToClipPos(v.vertex);
        o.uv = v.texcoord;
        return o;
    }
    fixed4 frag(v2f i) : SV_Target
    {
        fixed4 sourceColor = tex2D(_MainTex, float2(i.uv.x, i.uv.y));
        return sourceColor*0.5;              //变暗 1/2
    }
    ENDCG
    Subshader
    {
        Pass
        {
            ZTest Always Cull Off ZWrite Off
            Stencil
            {
                Ref 1
                Comp NotEqual
            }//注意，此处的 Stencil 操作，只针对非 1 的 Stencil 区域绘制
            CGPROGRAM
            #pragma vertex vert
```

```
        #pragma fragment frag
        ENDCG
    }
  }
}
```

这个 Shader 将只针对 Stencil 信息不为 1 的像素区域进行处理。至此，该效果就完成了，当玩家挂载脚本时会进行角色特显处理，当脚本移除后将回到常规显示状态，如图 8.7 所示。

图 8.7　滤镜前后效果对比图

这样就完成了主角特显效果的制作，开发者可以参考 Unity 文档对 Stencil 进一步学习，并根据具体需求再修改此效果。

8.3　后　处　理

通过一系列屏幕后处理效果的添加，可使游戏画面变得焕然一新。早期的后处理通过 StandardAssets 内的零散脚本组合实现，使用时需要挂载多个不同的后处理脚本，这将会造成一些不必要的开销。如今官方发布了后处理栈工具 Post-processing stack，其中封装了大部分常规的后处理效果，并最终通过一个 UberPass 合并这些滤镜，节省了一些不必要的开销。

本节我们将围绕 PPS（Post Processing Stack）进行后处理部分的功能讲解，并对常规后处理特效及自定义扩展进行讲解。

8.3.1　PPS 后处理工具

PPS（Post Processing Stack）是 Unity 官方推出的功能丰富的后处理工具，目前的大版本号为 V2，本节将使用该版本进行讲解。开发者可以使用 PackageManager 下载 PPS，选择 Window | PackageManager 命令打开它。打开后在顶部的 Advanced 按钮下拉菜单中勾选

show preview packages 选项，刷新后选择 PostProcessing 命令，然后单击 Install（安装）按钮即可，如图 8.8 所示。

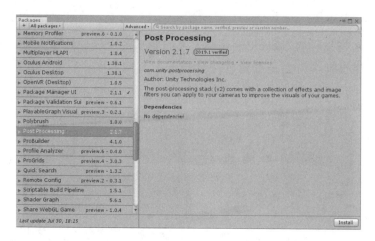

图 8.8　PostProcessing 的安装

　　安装完成后，开发者可以在 Packages 目录中找到相应的文件夹。在 Project 面板上右击选择 Post-processing Profile 命令，即可创建 PPS 的配置信息。PostProcessingVolume 脚本控制了场景内应用 Profile 的范围，可对不同场景区域配置不同的 Profile，也可设为全局，通常将该脚本挂载在有 Collider 的场景物体上。将 PostProcessingLayer 脚本挂载在需要作用 PPS 的相机上，可指定触发 Volume 的 Layer。Profile、PostProcessingVolume 和 PostProcessingLayer 三者之间的关联如图 8.9 所示。

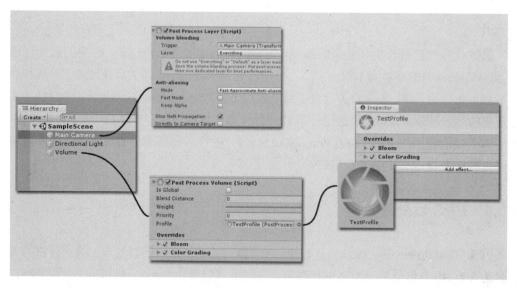

图 8.9　PPS 的配置示意图

PPS 中的使用配置相对简单，而 Profile 中的后处理特效参数调配也各有门道，这里不做深入讲述，开发者可以参考一些美术方面的资料，或者在 GitHub 的 PPS 仓库页面上查找其 Wiki，可进行进一步的学习。

8.3.2　编写自己的后处理脚本

本节将扩展 PPS，来编写一个自定义的特效。该后处理特效表现为一块屏幕扭曲的特殊区域，当玩家走入该区域中即可出现扭曲效果，如图 8.10 所示。

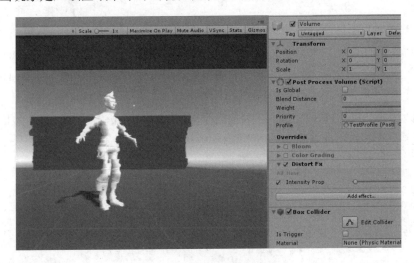

图 8.10　后处理扭曲效果图

下面编写代码。这里参考 PPS 的 Wiki 页中的扩展教程部分，创建字段类及 Renderer 逻辑实现类脚本。

```
[Serializable]
[PostProcess(typeof(DistortFxRenderer), PostProcessEvent.AfterStack, "Custom/
DistortFx")]
//PostProcessEvent 可指定后处理特效位于默认后处理栈之前还是之后
//Settings 类通常存放字段信息
public sealed class DistortFxSettings : PostProcessEffectSettings
{
    [Range(0f, 1f)]
    //强度信息
    public FloatParameter intensityProp = new FloatParameter { value = 0.05f };
}
public sealed class DistortFxRenderer : PostProcessEffectRenderer
<DistortFxSettings>
{
    Texture mNoiseTex;
    //实际渲染函数
    public override void Render(PostProcessRenderContext context)
```

```
        {
            var shader = Shader.Find("Hidden/Custom/DistortFxShader");
            //可以取得缓存的材质属性块, 若无缓存, 则进行创建
            var sheet = context.propertySheets.Get(shader);
            //更新强度信息
            sheet.properties.SetFloat("_Intensity", settings.intensityProp);
            //若噪声贴图缓存为空, 则加载
            mNoiseTex = mNoiseTex ?? Resources.Load<Texture>("BlockNoiseTexture");
            sheet.properties.SetTexture("_NoiseTex", mNoiseTex);//更新噪声材质
            context.command.BlitFullscreenTriangle(context.source, context.
    destination, sheet, 0);                        //进行位块操作, 以应用屏幕 Shader
        }
    }
```

由于 PPS 中的字段支持混合, 所以对其自定义后处理效果的扩展会麻烦一些, 需要将字段拆分到单独的类中。在 Renderer 类的 Render 函数中, 通过缓存获取 Sheet 信息, 以此可以传入不同的字段值。这里将噪声贴图放置在 Resources 文件夹中, 名为 BlockNoise-Texture, 并通过成员变量进行缓存。

在渲染部分, 由于 PPS 的底层逻辑使用了 HLSL Shader 语言, 所以此处的扩展 Shader 也使用 HLSL 进行编写。下面看一下 Shader 的逻辑。

```
Shader "Hidden/Custom/DistortFxShader"
{
    HLSLINCLUDE
    #include "Packages/com.unity.postprocessing/PostProcessing/Shaders/
StdLib.hlsl"                                              //引用的 PPS 库
    //默认材质声明, 屏幕材质会被传入
    TEXTURE2D_SAMPLER2D(_MainTex, sampler_MainTex);
    TEXTURE2D_SAMPLER2D(_NoiseTex, sampler_NoiseTex);    //扭曲噪声材质声明
    float _Intensity;                                    //强度信息
    float4 Frag(VaryingsDefault i) : SV_Target
    {
        float4 noiseColor = SAMPLE_TEXTURE2D(_NoiseTex, sampler_NoiseTex,
i.texcoord+float2(_Time.x, 0)) * _Intensity;
        //_Time.x 是内部的时间变量, 采样的噪声会随时间横向偏移, 并在采样结束后乘以强
            度系数
        float4 color = SAMPLE_TEXTURE2D(_MainTex, sampler_MainTex, i.
texcoord + float2(noiseColor.x, 0));
        //将噪声颜色结果传入屏幕材质的 UV 中以进行扭曲
        return color;                                 //返回屏幕当前的像素颜色
    }
ENDHLSL
SubShader
{
    Cull Off ZWrite Off ZTest Always
    Pass
    {
        HLSLPROGRAM
        #pragma vertex VertDefault
        #pragma fragment Frag
        ENDHLSL
```

```
        }
      }
    }
```

这是一个简单的扭曲 Shader，通过采样 _NoiseTex 得到强度信息，并赋予屏幕贴图的 UV 以达到扭曲效果，最终将该扩展的效果添加至 Profile 中，并保证场景内有关联的 Volume 即可。

8.4　计算着色器 Compute Shader

Compute Shader（计算着色器）是微软在 DirectX 11 中加入的新特性，它使用一种被称为 GPGPU（并行执行）编程的方式处理数据并通过 GPU 执行，这种并行执行的方式可以充分发挥 GPU 的优势，用于处理一些数量较大且分支逻辑较少的并行数据。本节将对其进行一定程度的深入学习。

8.4.1　什么是 Compute Shader

Compute Shader 是一种利用 GPU 执行的并行计算技术，它借助 GPU 强大的并行能力执行 3D 渲染之外的逻辑操作。

提到 Compute Shader，就不得不说一下 GPGPU。GP 代表通用目的（General Purpose），而 GPU 则代表图形处理器（Graphics Processing Unit），所以 GPGPU 即通用图形处理器。目前广泛使用 GPGPU 的平台有 CUDA、OPENCL 和 DirectCompute 等，而 DirectCompute 也就是后来的 Compute Shader。

随着这样的通用计算技术日渐成熟，在面对游戏中的群体行为模拟大规模数据计算时，我们可以用它来更好地解决这类问题。

8.4.2　语法及使用简介

1. 在Unity中进行创建

我们可以在 Project 面板中右击选择 Create | Shader | Compute Shader 命令去创建它，使用时通过 Compute Shader 类获取它的引用。

Kernel 相当于 Compute Shader 的入口，可以类比为传统 Shader 的 pass。脚本中可通过 FindKernel 获取入口的 ID，如默认模板创建的 Compute Shader，其入口为 CSMain。得到入口的 ID 后可调用 Dispatch 进行执行。示例代码如下：

```
public class CSTest : MonoBehaviour
{
    public ComputeShader computeShader;                      //可通过层级面板拖曳赋值

    void Start()
    {
        var kernelID = computeShader.FindKernel("CSMain");   //查找 KernelID
        computeShader.Dispatch(kerynelID, 8, 8, 1); //执行
    }
}
```

2．Compute Shader 中的线程

Compute Shader 中存在一个线程组的概念，一次 Dispatch 的执行会启用多个线程组，而每个线程组又分为许多线程，组内的线程可以共享变量，相互通信，如图 8.11 所示。

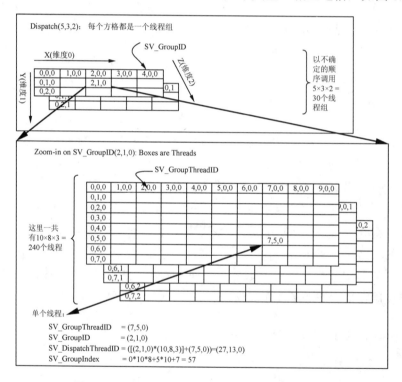

图 8.11　Compute Shader 线程组与组内线程示意图

在图 8.11 中，上半部分的小图为线程组，维度为 5×3×2，随后对索引"2,1,0"的组进行展开，可看见组内运行了维度为 10×8×3 的线程。最后，在索引"7,5,0"处可以获取相关的索引信息，而编写的 Compute Shader 代码也在这个视角下进行。

在进行线程分配时，未使用到的维度可以填 1。对于组内线程分配的数量大小有一定限制，依当前版本而定，一般将总和控制在 1024 以内。

3．数据类型

Compute Shader 中的数据类型主要分为 StructuredBuffer 和 Texture 数据类型及其他传统类型的数据。

包括数组等常规数据类型都可以直接以传统方式声明，并且在传入参数时不分 Kernel。

首先说明一下贴图部分。对贴图进行读取可使用 Texture2D，而进行写入操作需使用 RWTexture2D，但该类型只允许写入不可读取。

对于自定义数据结构的读入可使用 StructuredBuffer 或 RWStructuredBuffer，前者只读数据，而后者允许读写。此外还有一些类似于队列或链表的特殊结构，如 AppendStructured-Buffer 等。

4．组内共享变量

通过加上 GroupShared，可以将变量标记为组内共享。在一个线程组内，这种变量可以在组内线程之间通信，并使用内部函数 GroupMemoryBarrier 来控制组内线程的阻塞与同步。

8.4.3　使用案例

在使用 Bloom 处理滤镜时，常需要对一些高光区域进行光晕处理，如海面在阳光的照射下泛起的点点星光。这里使用一张测试图进行测试，如图 8.12 所示。它的实现借助 Compute Shader 线程组特性，先将一张图像拆分为不同的切块进行处理，并对切块内的明度总和进行筛选和收集，最终在明度超过一定阈值的区域绘制星光贴图。

图 8.12　左：原图；右：星光后处理效果图

（1）首先开始核心类的编写，该类对 Compute Shader 进行组合并执行后处理操作。

```
public class CSFlareEffect : MonoBehaviour
{
```

```
        const string CS_MAIN = "CSMain";
        const string SCREEN_TEX = "_ScreenTex";
        const string SCREEN_RW_TEX = "_ScreenRWTex";
        const string FLARE_TEX = "_FlareTex";
        const string SAMPLE_W = "sample_w";
        const string SAMPLE_H = "sample_h";
        const string FLARE_COMPUTE_SHADER_COUNT_FIELD = "_KeywordPointBuffer_Count";
        const string KEYWORD_POINT_BUFFER = "_KeywordPointBuffer";
        const int APPEND_KEYWORD_POINT_COUNT = 64;  //最多 64 个特征点
        //高亮区域提取 ComputeShader
        public ComputeShader collectionHightlightComputeShader;
        public ComputeShader flareComputeShader;   //闪烁贴图绘制 ComputeShader
        public Texture flareTex;                    //闪烁贴图
        public int hightlightSampleAmount = 8;      //高亮区域采样量
        CommandBuffer mCachedCB;                     //缓存的 CommandBuffer
        ComputeBuffer mAppendBuffer;                 //高光点缓存 AppendBuffer
        //获取 AppendBuffer 最终数量的 Counter Buffer
        ComputeBuffer mGetAppendCounterBuffer;
        ComputeBuffer mFlareBuffer;        //闪烁绘制用到的关键点传入 Buffer
        Vector3Int[] mKeywordScreenUvArray;          //高光点 UV 信息中间数组
        int[] mCounterCacheArray;                    //Counter 缓存数组
        //高光区域提取 ComputeShader 的 Kernel ID
        int mCollectionHightlightComputeKernelID;
        int mFlareComputeKernelID;         //闪烁贴图绘制 ComputeShader 的 Kernel ID
        int mAppendBuffer_ID;                        //字段 ID
        int mScreenPixelWidth;                       //屏幕宽度
        int mScreenPixelHeight;                      //屏幕宽度
        void Start()
        {
            mCachedCB = new CommandBuffer();
            mKeywordScreenUvArray = new Vector3Int[APPEND_KEYWORD_POINT_COUNT];
            mCounterCacheArray = new int[1];//Counter 只需要长度为 1 的数组拿到数据
            mAppendBuffer = new ComputeBuffer(APPEND_KEYWORD_POINT_COUNT, 4 *
3, ComputeBufferType.Append);
            //3 个 4 字节的字段，最大长度是高光点缓存数量 64
            mGetAppendCounterBuffer = new ComputeBuffer(1, sizeof(int), Compute
BufferType.IndirectArguments);
            mFlareBuffer = new ComputeBuffer(APPEND_KEYWORD_POINT_COUNT, 4 * 3);
            //用于高亮点传入的 ComputeBuffer
            mCollectionHightlightComputeKernelID = collectionHightlightCompute
Shader.FindKernel(CS_MAIN);
            mFlareComputeKernelID = flareComputeShader.FindKernel(CS_MAIN);
            mAppendBuffer_ID = Shader.PropertyToID(KEYWORD_POINT_BUFFER);
            mScreenPixelWidth = Camera.main.pixelWidth;      //屏幕宽度
            mScreenPixelHeight = Camera.main.pixelHeight;    //屏幕高度
        }
        void OnDestroy()
        {
            mCachedCB.Release();
        }
    }
```

核心类中涉及的变量定义较多，它主要运用到两个 Compute Shader 程序，即提取屏幕高亮区域的 collectionHightlightComputeShader 和进行闪烁贴图绘制的 flareComputeShader。这里用到了 CommandBuffer，但并不将它挂载在相机上，而是借助 Graphics 类对其进行调用，这样可以更方便地进行操作。

由于 Compute Shader 的中间操作步骤较多，这里使用 OnRenderImage 事件函数进行渲染图像的后处理，使用这个 Unity 内置的事件函数需要将脚本挂载在相机上才会有效。

```
void OnRenderImage(RenderTexture source, RenderTexture destination)
{
    var inRT = RenderTexture.GetTemporary(mScreenPixelWidth, mScreenPixelHeight, 0);
    inRT.filterMode = FilterMode.Point; //该 RenderTexture 提供屏幕信息读取
    var outRwRT = RenderTexture.GetTemporary(mScreenPixelWidth, mScreen
PixelHeight, 0);
    outRwRT.filterMode = FilterMode.Point;
    outRwRT.enableRandomWrite = true;   //该 RT 提供屏幕信息写入，必须开启此参数
    //...
    RenderTexture.ReleaseTemporary(inRT);
    RenderTexture.ReleaseTemporary(outRwRT);
}
```

这里新建了两个 RenderTexture，可用于读取和写入屏幕图像，这是因为 Compute Shader 的材质处理并不支持同时写入与读取。

（2）接下来进入第一个步骤，对屏幕内高光信息进行提取。

```
void CollectionHightlightArea(RenderTexture screenSource, RenderTexture
inRT, RenderTexture outRwRT)    //inRT 对应屏幕信息读取 RT，outRwRT 对应写入 RT
{
    mCachedCB.Clear();
    mCachedCB.SetRenderTarget(outRwRT);
    mCachedCB.ClearRenderTarget(true, true, Color.clear);  //清空这张 RT
    mAppendBuffer.SetCounterValue(0);           //重置 AppendBuffer
    mCachedCB.SetComputeBufferParam(collectionHightlightComputeShader,
mCollectionHightlightComputeKernelID, mAppendBuffer_ID, mAppendBuffer);
    mCachedCB.Blit(screenSource, inRT);         //屏幕图像复制到 cbInTex
    mCachedCB.SetComputeTextureParam(collectionHightlightComputeShader,
mCollectionHightlightComputeKernelID, SCREEN_TEX, inRT);
    mCachedCB.SetComputeTextureParam(collectionHightlightComputeShader,
mCollectionHightlightComputeKernelID, SCREEN_RW_TEX, outRwRT);
    var ratio = mScreenPixelWidth / mScreenPixelHeight;
    var sample_w = hightlightSampleAmount * ratio;
var sample_h = hightlightSampleAmount;
//sample_w 与 sample_h 为采样宽高，为后续提供转换以对应最终的屏幕位置
    mCachedCB.SetComputeIntParam(collectionHightlightComputeShader, SAMPLE_W,
sample_w);
    mCachedCB.SetComputeIntParam(collectionHightlightComputeShader, SAMPLE_H,
sample_h);
    mCachedCB.DispatchCompute(collectionHightlightComputeShader, mCollection
HightlightComputeKernelID, sample_w, sample_h, 1);
    Graphics.ExecuteCommandBuffer(mCachedCB);   //执行 CommandBuffer
}
```

提取是通过 AppendStructedBuffer 进行的，这个结构可以做到类似于成员变量链表的效果，在并行环境下对数据进行存储。hightlightSampleAmount 这个变量表示了当前的采样点数量，在 Compute Shader 中将对每一个采样点使用组内线程进行 8×8 的周围像素采样。

接着看一下对应的 Compute Shader 的实现。

```
#pragma kernel CSMain
AppendStructuredBuffer<uint3> _KeywordPointBuffer;      //写入的高光点信息
Texture2D<float4> _ScreenTex;                 //读取屏幕信息的 RT
RWTexture2D<float4> _ScreenRWTex;             //写入屏幕信息的 RT
uint sample_w;                               //采样宽度
uint sample_h;                               //采样高度
groupshared float lumArray[GROUP_THREADS];
//该组内共享变量为处理明度求和
#define THREAD_X 8
#define THREAD_Y 8
#define GROUP_THREADS THREAD_X*THREAD_Y
#define SAMPLE_OFFSET int2(-4, -4)      //中心采样偏移
#define LUM_THRESHOLD 45                 //明度阈值，为累加结果
 [numthreads(THREAD_X, THREAD_Y, 1)]
void CSMain (uint2 groupId : SV_GroupID
    , uint2 groupThreadId : SV_GroupThreadID
    , uint2 id : SV_DispatchThreadID
    , uint groupInnerIndex : SV_GroupIndex)
{
    uint w, h;
    _ScreenTex.GetDimensions(w, h);
    float2 uv01 = float2((float)groupId.x / sample_w, (float)groupId.y /
sample_h);
    uint2 uv = float2(uv01.x * w, uv01.y * h) + groupThreadId.xy +
SAMPLE_OFFSET;
    //转换为对应的屏幕 UV
    float4 color = _ScreenTex[uv];
    float lum = dot(color, color);        //求得模
    lum = pow(lum, 2);                    //明度对比加强
    float lum01 = 1 - 1 / lum;            //数值区间转换
    lumArray[groupInnerIndex] = lum01;    //明度提取并记入组内共享变量数组
    GroupMemoryBarrierWithGroupSync();    //等待所有组内线程执行完毕
    float lumSum = 0;
    if (groupInnerIndex == 0) {           //在第一个组内线程处进行数据合并求和
        for (uint i = 0; i < GROUP_THREADS; i++)
            lumSum += lumArray[i];
    }   GroupMemoryBarrierWithGroupSync(); //等待所有组内线程执行完毕
    if (lumSum > LUM_THRESHOLD) //明度若大于阈值，则加入 AppendStructedBuffer
    //传入 xy 与明度值，以便后续作为 Alpha 系数
        _KeywordPointBuffer.Append(uint3(uv.x, uv.y, lumSum));
}
```

这里通过 Compute Shader 线程组的特性将屏幕上看作切块的采样点作为线程组信息，对采样点周围像素的采样作为线程组的组内线程信息，以达到合理并行执行的目的。

GroupMemoryBarrierWithGroupSync 是一个内置方法，可等待组内线程都执行到这一行，将提取的明度信息求和并记入 lumSum 变量，再进行比较记录。

（3）接下来开始第二步操作。既然有了高光关键点，那么开始在关键点处绘制星光贴图。对于传统的 Shader，这类点信息绘制需要借助 Geometry Shader 去处理，而 Compute Shader 中将星光图片的采样看作组内线程，即可直接在其上绘制。

```
bool FlareTextureProcess(RenderTexture screenSource, RenderTexture inRT,
RenderTexture outRwRT)          //inRT 对应屏幕信息读取 RT，outRwRT 对应写入 RT
{
    ComputeBuffer.CopyCount(mAppendBuffer, mGetAppendCounterBuffer, 0);
    mGetAppendCounterBuffer.GetData(mCounterCacheArray);
    var currentKeywordScreenUvCount = mCounterCacheArray[0];
    //拿到 AppendBuffer 记录的总数，可理解为 List.Count
    mAppendBuffer.GetData(mKeywordScreenUvArray);    //拿到具体数据
    //放入星光绘制 CommandBuffer 的数据中
    mFlareBuffer.SetData(mKeywordScreenUvArray);
    if (currentKeywordScreenUvCount > 0)      //若存在高光信息，则进行绘制操作
    {
        mCachedCB.Clear();
        mCachedCB.Blit(screenSource, outRwRT);
        mCachedCB.SetComputeIntParam(flareComputeShader, FLARE_COMPUTE_
SHADER_COUNT_FIELD, currentKeywordScreenUvCount);
        //高光关键点的数量
        mCachedCB.SetComputeTextureParam(flareComputeShader, mFlareCompute
KernelID, SCREEN_TEX, inRT);
        mCachedCB.SetComputeTextureParam(flareComputeShader, mFlareCompute
KernelID, SCREEN_RW_TEX, outRwRT);
        mCachedCB.SetComputeTextureParam(flareComputeShader, mFlareCompute
KernelID, FLARE_TEX, flareTex);
        //星光贴图，屏幕内容贴图传入
        mCachedCB.SetComputeBufferParam(flareComputeShader, mFlareCompute
KernelID, KEYWORD_POINT_BUFFER, mFlareBuffer);
        //高光关键点信息传入
        mCachedCB.DispatchCompute(flareComputeShader, mFlareComputeKernelID,
currentKeywordScreenUvCount, currentKeywordScreenUvCount, 1);
        //执行 ComputeShader，线程组看作是高光关键点，组内线程处理星光图片的绘制
        Graphics.ExecuteCommandBuffer(mCachedCB);
        return true;
    }
    else
    {
        return false;
    }
}
```

首先取得第一步操作的结果，将获取的高光关键点数量与位置数组传入进行绘制处理

的 Compute Shader。若没有需要绘制的高光关键点，则跳出。

接下来进行星光绘制处理的 Compute Shader 逻辑实现。

```
#pragma kernel CSMain
StructuredBuffer<uint3> _KeywordPointBuffer;       //高光关键点信息
uint _KeywordPointBuffer_Count;                    //高光关键点数量
Texture2D<float4> _FlareTex;                        //星光贴图
Texture2D<float4> _ScreenTex;
RWTexture2D<float4> _ScreenRWTex;
#define FLARE_UV_OFFSET int2(-8, -8)               //绘制中心偏移
#define THREAD_X 16
#define THREAD_Y 16
#define THREAD_GROUP_GAP 8                          //线程组间距
#define THREAD_GROUP_TOTAL 64                       //线程组总数
#define UV_DISTORE_THRESHOLD 8                      //UV 偏移阈值，增强随机性
#define ALPHA_ENHANCE_POW 5                         //星光亮度对比增强系数
#define ALPHA_ENHANCE_THRESHOLD 3                   //星光亮度增强系数
  [numthreads(THREAD_X, THREAD_Y, 1)]
void CSMain (uint2 groupId : SV_GroupID, uint2 groupThreadId :
SV_GroupThreadID, uint2 id : SV_DispatchThreadID)
{
    uint keywordPointIndex = THREAD_GROUP_GAP * groupId.y + groupId.x;
    //若大于上限，则跳出
    if (keywordPointIndex >= _KeywordPointBuffer_Count) return;
    uint3 keywordUv = _KeywordPointBuffer[keywordPointIndex];
    keywordUv.xy = keywordUv.xy + sin(keywordUv.x + keywordUv.y) * UV_
DISTORE_THRESHOLD;
    int2 flareUv = groupThreadId;                  //flareUv 对应星光贴图采样
    uint2 drawScreenUv = keywordUv.xy + (flareUv + FLARE_UV_OFFSET);
    float4 screenCol = _ScreenTex[drawScreenUv];    //当前绘制点的屏幕颜色
    float4 flareCol = _FlareTex[flareUv];           //当前绘制点的星光颜色
    float alpha_enhance = (float)keywordUv.z / THREAD_GROUP_TOTAL;
    alpha_enhance = pow(alpha_enhance, ALPHA_ENHANCE_POW) * ALPHA_ENHANCE_
THRESHOLD;
    screenCol.rgb = lerp(screenCol.rgb, flareCol.rgb, flareCol.a * alpha_
enhance);                                           //绘制混合
    _ScreenRWTex[drawScreenUv] = screenCol;
}
```

通过对高光点进行采样绘制，将星光贴图混合至原图。

（4）最后再调用这两个函数以完成绘制。

```
void OnRenderImage(RenderTexture source, RenderTexture destination)
{
    var inRT = RenderTexture.GetTemporary(mScreenPixelWidth, mScreenPixel
Height, 0);
    inRT.filterMode = FilterMode.Point;
```

```
        var outRwRT = RenderTexture.GetTemporary(mScreenPixelWidth, mScreen
    PixelHeight, 0);
        outRwRT.filterMode = FilterMode.Point;
        outRwRT.enableRandomWrite = true;
        CollectionHightlightArea(source, inRT, outRwRT);          //高光收集函数
        var flag = FlareTextureProcess(source, inRT, outRwRT); //星光绘制函数
        if (flag)                    //若有星光信息，则使用 outRwRT 传递屏幕图像
            Graphics.Blit(outRwRT, destination);
        else                         //若没有星光信息，则直接传递屏幕图像
            Graphics.Blit(source, destination);
        RenderTexture.ReleaseTemporary(inRT);
        RenderTexture.ReleaseTemporary(outRwRT);
    }
```

　　将脚本 CSFlareEffect 挂载至相机，并在层级面板拖入对应的 Compute Shader 与星光贴图。这样就完成了该案例的制作。

第 3 篇
项目案例实战

第 9 章　案 例 剖 析

在之前的章节中已经讲解过关卡制游戏在技术上的问题及难点。本章将结合一些经典动作游戏案例进行分析，从而做到活学活用。其中包括角色断肢、正确深度的角色残影、多人投技等。通过对本章的阅读，相信能为开发者在编写相似功能时提供较大助力。

9.1　《忍者龙剑传Σ2》案例剖析

在本节中，将对经典的动作游戏《忍者龙剑传Σ2》中一些表现上的案例进行再实现，并给出一定的过程分析，这些特性包括游戏中的流血表现、断肢、技能残影等。

9.1.1　断肢效果的再实现

这款作品中的断肢效果是游戏的核心亮点之一，当敌人进入断肢状态后主角即可接近并发动终结技击杀它们。受吸魂机制的激励，在战斗中往往以优先将敌人断肢作为第一步的击杀策略，如图 9.1 所示。

图 9.1　《忍者龙剑传Σ2》中的角色断肢效果图

实现角色断肢的方法多种多样，可使用分离多网格的统一蒙皮方法实现，也可借助 Cutout 隐藏一部分区域去实现。

分离多网格蒙皮的做法是指手或脚在制作时就采用独立网格的形式，包括断肢部位的衔接处，通过 DCC（Digital Content Creation）软件中的一些蒙皮工具将它们合理地赋予权重以较好地隐藏，缺点是在绘制权重时相对麻烦。而另一种较便捷的做法是借助着色器的 Cutout 方法去剔除断肢区域的显示，再另行制作被断肢部位的模型与切断动画。这种做法的好处是可对断肢区域的衔接处做定制处理，对断肢后的部位动画也有较好的控制；缺点是需要占用一些信息以描述断肢区域，例如使用顶点色等，而且被剔除的像素在一些特效处理上可能会出错。

这里我们采用后者的做法。首先制作好断肢衔接处的模型网格，并使用顶点色的 R、G 分量通道进行断肢区域的描述，我们将顶点色的 R 通道划分为 0.1～1 的 10 个区间，以分别保存 10 块断肢区域的描述，在 DCC 软件中需对其按照不同的顶点色 R 值进行绘制。对于断肢区域的衔接处，除使用 R 值标记外还需使用顶点色的 G 值标记以反转，若 G 值为 1，则反转当前 R 值结果，即由剔除变为不剔除。这样即可在断肢的同时显示衔接处的模型。对于顶点色的 B 与 Alpha 值通道则做保留处理，以供其他逻辑使用，如图 9.2 所示。

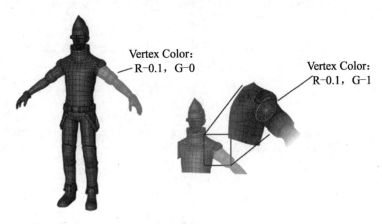

图 9.2　顶点色分配示意图

（1）开始编写针对顶点色进行处理的 Shader 效果，这里使用 Surface Shader 进行它的编辑。

```
Shader "Custom/MutilationCharacterShader"
{
    Properties
    {
        //Properties 部分的代码省略
    }
    SubShader
    {
```

```
        Tags { "RenderType"="Opaque" }
        CGPROGRAM
        #pragma surface surf Standard addshadow        //需使用 addshadow
        #pragma vertex vert                   //需要顶点 shader 的一些逻辑处理
        #pragma target 3.0
        sampler2D _MainTex;
        struct Input
        {
            float2 uv_MainTex;
            float isDiscard;                  //Discard 中间转换变量
        };
        //其余字段声明部分的代码省略
        float _ClipIndexArray[10];       //10 个断肢区域索引的显示隐藏信息
        #define CLIP_INDEX_EPS 0.01      //断肢区域比较误差值

        //覆写顶点 Shader 操作
        void vert(inout appdata_full appdata, out Input o)
        {
            UNITY_INITIALIZE_OUTPUT(Input, o);
            float clipIndex = appdata.color.r;
            [unroll]
            for (int i = 0; i < 10; i++) //对 10 个断肢区域的隐藏比较
            {
                if (abs(_ClipIndexArray[i] - clipIndex) < CLIP_INDEX_EPS)
                    o.isDiscard = 1;
            }
            if (appdata.color.g > 0)        //顶点色 g 通道的反转处理
                o.isDiscard = -o.isDiscard;
        }
        void surf (Input IN, inout SurfaceOutputStandard o)
        {
            if (IN.isDiscard)                   //是否 discard
                discard;                        //抛弃该像素渲染，效果等同于 clip
            //省略部分代码，即默认 surf 赋值操作
        }
        ENDCG
    }
}
```

这里需要在顶点 Shader 中对顶点色的隐藏信息进行转换，否则若在像素 Shader 部分处理的话，则会因插值信息而导致出错。通过传入 Shader 的数组，以循环判断当前的颜色处于哪一个索引，并且该索引是否存有剔除信息。

（2）接下来编写 MutilationCharacterShader 对应的 C#脚本，以传入断肢剔除的数组信息。

```
public class MutilationCharacterUpdate : MonoBehaviour
{
    const int MUTILATION_AREA_COUNT = 10;                //总共记录的断肢区域数量
    const float MUTILATION_AREA_UNIT_VALUE = 0.1f; //每一处区域的单位值常量
    const float MUTILATION_INVALID_VALUE = -1f;     //无效值常量
    const string CLIP_INDEX_ARRAY_PROP = "_ClipIndexArray";
    //层级面板勾选信息
```

```
public bool[] mutilationPoints = new bool[MUTILATION_AREA_COUNT];
public SkinnedMeshRenderer skinnedMeshRenderer;//角色蒙皮网格
float[] mMutilationPoints = new float[MUTILATION_AREA_COUNT];
void Update()
{
    for (int i = 0; i < MUTILATION_AREA_COUNT; i++)
    {
        if (mutilationPoints[i])
            mMutilationPoints[i] = MUTILATION_AREA_UNIT_VALUE * (i + 1);
        else
            mMutilationPoints[i] = MUTILATION_INVALID_VALUE;
    }//float 数组转换处理
    var mat = skinnedMeshRenderer.material;
    mat.SetFloatArray(CLIP_INDEX_ARRAY_PROP, mMutilationPoints);
    //将数组传入 shader
}
```

　　该脚本将对 10 处断肢区域的显示与隐藏做更新处理，挂载该脚本后通过对层级面板数组的修改即可改变其对应区域的显示和隐藏状态。

　　最终制作单独手臂模型并绑定碰撞网格与刚体，在断肢触发后将其实例化并施力，随后修改主模型 Shader 参数。最终效果如图 9.3 所示。

图 9.3　断肢效果图

9.1.2　流血喷溅程序的再实现

　　该作品的血腥表现是玩家为之称道的特性之一。在本作中，不同武器攻击敌人后产生的打击效果也有所不同，如使用无想新月棍、斗神拐等钝器将敌人断肢后，被断肢部位会被击为碎块，而使用龙剑和严龙罚虎等锐器断肢敌人，被断肢部位会被整齐削落。

　　动作游戏中的血效果大致可分为地面上的溅落血迹与砍杀瞬间的血液飞溅，对于地面上的溅落血迹可采用面片或贴花投影的方式实现；关于溅落血迹，在本作中一次受击可产生多块贴花，而非一块，可体现出血液飞溅的真实性；而对于砍杀瞬间的飞溅效果，这里以龙剑（一种日本武士刀）为例，可拆解为如下几部分分别实现。

- 雾血：用于表现因动脉血喷溅而蒸腾出的雾气效果。
- 动脉血：以表现动脉被割裂效果，为外发散形式的持续的血液涌溅。
- 粘稠血：被断肢部位动脉中的血液，表现为随刀臂运动一段距离的血迹拖尾。

其中，雾血与动脉血都可以通过粒子实现，而粘稠血则需要编写着色器与脚本进行实现。本节将针对地墙面的溅落血迹与砍杀时的血液飞溅效果进行技术部分的实现。

1. 溅落血迹的制作

通过分析可以发现，本作中的角色在受击后溅落的血迹会沿受击方向创建多个，多为一块主要血迹与一些散落的小血迹贴花。不同血迹的出现会有少许延迟，用以表现血滴飞至地面的先后与快慢。

（1）首先编写基础贴花逻辑脚本，并暂时先省略一部分逻辑。

```
public class DripBloodFx : MonoBehaviour
{
    public GameObject[] templates;                //贴花模板数组
    public LayerMask layerMask;                   //射线检测的 Mask
    public float delay;                           //初始延迟
    WaitForSeconds mCacheDelayWaitForSeconds;     //协程延迟
    void Awake()
    {
        mCacheDelayWaitForSeconds = delay > 0 ? new WaitForSeconds(delay) : null;
    }
    void OnEnable()
    {
        StartCoroutine(TriggerDripBlood());       //开启贴画触发协程
    }
    IEnumerator TriggerDripBlood()
    {
        if (mCacheDelayWaitForSeconds != null)
            yield return mCacheDelayWaitForSeconds; //等待逻辑
        //随机从模板内抽取，并进行贴花的实例化逻辑
        //此处的代码暂时先省略
    }
}
```

该脚本会从贴画模板 templates 的字段中随机选择并进行创建，并提供一个前置延迟逻辑，以实现大小血迹出现的快慢。

（2）接下来加入简单的对象池逻辑，以继续编写暂时省略的创建部分脚本。

```
public class DripBloodFx : MonoBehaviour
{
    //省略部分代码
    public int poolCount = 10;                    //池缓存数量
```

```
    GameObject[] mPool;                              //池数组
    void Awake()
    {
        //省略部分代码
        mPool = new GameObject[templates.Length * poolCount];
        for (int i = 0, k = 0; i < templates.Length; i++)
        {
            for (int j = 0; j < poolCount; j++)
            {
                var instanced = Instantiate(templates[i]);
                instanced.name = "decal_" + i + "_" + j;
                instanced.gameObject.SetActive(false);
                mPool[k] = instanced;
                k++;
            }
        }//初始化池
    }
    void OnEnable()
    {
        StartCoroutine(TriggerDripBlood()); //开启贴花触发协程
    }
    IEnumerator TriggerDripBlood()
    {
        //省略部分代码
        var templateIndex = UnityEngine.Random.Range(0, templates.Length);
        var targetPoolItem = default(GameObject);
        for (int i = 0; i < poolCount; i++)
        {
            var item = mPool[templateIndex * poolCount + i];
            if (!item.activeSelf)
            {
                targetPoolItem = item;
                break;
            }
        }//遍历并从池内取非激活的对象
        if (targetPoolItem == null)
        {
            targetPoolItem = mPool[templateIndex * poolCount];
            for (int i = 0; i < poolCount - 1; i++)
                mPool[i] = mPool[i + 1];
            mPool[templateIndex * poolCount + (poolCount - 1)] = targetPoolItem;
        }//若池已满，则取出第一个元数，且池内其余元素向前推进一位
        var bloodDecal = targetPoolItem;
        var raycastHit = default(RaycastHit);
        var isHit = Physics.Raycast(new Ray(transform.position, transform.
forward), out raycastHit, layerMask);
        if (isHit)                                       //是否碰至墙壁或地面
        {
            bloodDecal.gameObject.SetActive(true);    //设为激活状态
            bloodDecal.transform.position = raycastHit.point;
            bloodDecal.transform.forward = raycastHit.normal;
        }
    }
}
```

这样就完成了简单的对象池逻辑。使用时若池已满，则回收之前创建的内容并再次使用。

（3）接下来继续为血迹创建的方向增加随机性。我们编写一个锥形范围生成的随机函数，并替换之前的 transform.forward。

```
Vector3 ConeRandom(Vector3 direction, float range)
{
    //构建 forward 四元数
    var quat = Quaternion.FromToRotation(Vector3.forward, direction);
    var upAxis = quat * Vector3.up;
    var rightAxis = quat * Vector3.right;
    //以此得到另外两个轴
    var quat1 = Quaternion.AngleAxis(UnityEngine.Random.Range(-range *
0.5f, range), upAxis);
    var quat2 = Quaternion.AngleAxis(UnityEngine.Random.Range(-range *
0.5f, range), rightAxis);
    //通过横向与纵向随机得到两个四元数并与默认方向相乘，从而得到随机偏移结果
    var r = quat1 * quat2 * direction;
    return r;
}
```

ConeRandom 函数可借助默认方向与随机范围得到一个锥形随机向量，并利用该函数替换之前的逻辑。

```
var dripDirection = ConeRandom(transform.forward, directionRandomRange);
var raycastHit = default(RaycastHit);
var isHit = Physics.Raycast(new Ray(transform.position, dripDirection),
out raycastHit, layerMask);
```

（4）最后准备一些血迹图片，并将其编辑为预制体而做成模板，每一块血迹匹配一个 DripBloodFx 脚本，并对其设置相应的延迟，即可产生分次滴落的表现，如图 9.4 所示。

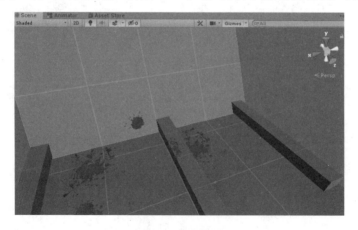

图 9.4　血迹效果

2．血液飞溅的制作

本作中的血液飞溅效果的制作，其难点主要在于粘稠血部分。这里将运用传统刀光效

果中的顶点色随生成时间消退的做法进行制作。

血液飞溅效果一共分为两部分脚本：TrailMeshController 脚本类似于引擎自身的 Line-Renderer，但由于是手动编写，因此有着更高的扩展性与自由度，它提供网格更新与进行下一步叠代的接口；而 TrailFx 脚本将组合 TrainMeshController 并进行参数信息的传入。

（1）首先来看一下 TrailMeshController 脚本的定义部分。

```
[RequireComponent(typeof(MeshFilter))]
[RequireComponent(typeof(MeshRenderer))]
public class TrailMeshController : MonoBehaviour
{
    const int MESH_STRUCT_CACHE_COUNT = 512;
    const int SECTION_CACHE_COUNT = 32;
    public Vector2 widthRange = new Vector2(0.1f, 0f);       //网格宽度
    public float durationTime = 2f;                          //拖尾持续时间
    public Color startVertColor = Color.white;               //初始顶点色
    public Color endVertColor = new Color(1f, 1f, 1f, 0f);   //结束顶点色
    public AnimationCurve evaluateCurve = new AnimationCurve(new Keyframe[]
{ new Keyframe(0, 0), new Keyframe(1, 1) });                 //时间重映射曲线
    Mesh mCacheMesh;
    List<Vector3> mCacheVertexList;
    List<Color> mCacheColorList;
    List<Vector2> mCacheUvList;
    List<int> mCacheTriangleList;
    List<TrailSection> mSectionList;
    //一些网格相关的缓存信息
    void Awake()
    {
        mCacheVertexList = new List<Vector3>(MESH_STRUCT_CACHE_COUNT);
        mCacheColorList = new List<Color>(MESH_STRUCT_CACHE_COUNT);
        mCacheUvList = new List<Vector2>(MESH_STRUCT_CACHE_COUNT);
        mCacheTriangleList = new List<int>(MESH_STRUCT_CACHE_COUNT);
        mSectionList = new List<TrailSection>(SECTION_CACHE_COUNT);
        mCacheMesh = GetComponent<MeshFilter>().mesh;
        //初始化操作
    }
}
```

该脚本会在每帧更新网格数据，包括顶点位置、UV、顶点色等。受持续时间参数的影响，顶点存在时间越长，其 UV、顶点色等信息都会随之改变，而 Shader 中拿到这些信息就可以进行对应需求的操作了。

拖尾的每一片数据存放在 TrailSection 的结构中，并最终通过它的数据构建拖尾网格，其定义如下：

```
public struct TrailSection
{
    public Vector3 Point { get; set; }          //中心点信息
    public Vector3 UpAxis { get; set; }          //垂直轴
    public float CreateTime { get; set; }        //创建时间
}
```

中心点描述了这一片网格的中心位置，UpAxis 表示绘制时的垂直轴方向，CreateTime 用于记录创建时间，以便后续的顶点色更新处理。

拖尾中每一片顶点的数据存放在 mSelectionList 字段中，通过外部调用 Itearate 函数对其进行更新，其位置改变等逻辑在外部脚本中进行处理，该函数只接收最终结果。Itearate 函数的内容如下：

```
public void Itearate(Vector3 position, Vector3 upAxis, float time)
{
    var section = new TrailSection();
    section.Point - position;
    section.UpAxis = upAxis;
    section.CreateTime = time;
    mSectionList.Insert(0, section);
}//进行一次迭代
```

接下来看一下对 SectionList 信息进行更新的函数 UpdateTrail：

```
public void UpdateTrail(float currentTime, float deltaTime)
{
    mCacheMesh.Clear();
    while (mSectionList.Count > 0 && currentTime > mSectionList
[mSectionList.Count - 1].CreateTime + durationTime)
        mSectionList.RemoveAt(mSectionList.Count - 1);
    //判断每一部分的时间，若其持续时间和初始时间小于当前时间，则移除
    if (mSectionList.Count < 2)
        return;              //若拖尾的处理部分少于 2，则跳出，因为无法构成一个面片
    mCacheVertexList.Clear();
    mCacheColorList.Clear();
    mCacheUvList.Clear();
    mCacheTriangleList.Clear();
    var w2lMatrix = transform.worldToLocalMatrix;
    //参数初始化
    for (int i = 0, iMax = mSectionList.Count; i < iMax; i++)
    {
        var item = mSectionList[i];
        var delta = Mathf.Clamp01((currentTime - item.CreateTime) / this.durationTime);
        delta = evaluateCurve.Evaluate(delta);
        //更新时间并映射至曲线
        var half_height = Mathf.Lerp(widthRange.x, widthRange.y, delta) * 0.5f;
        var color = Color.Lerp(startVertColor, endVertColor, delta);
        var upAxis = item.UpAxis;
        //获取当前的高度、垂直轴、颜色等信息
        mCacheVertexList.Add(w2lMatrix.MultiplyPoint(item.Point - upAxis *
half_height));
        mCacheVertexList.Add(w2lMatrix.MultiplyPoint(item.Point + upAxis *
half_height));
        //顶点位置更新
        mCacheUvList.Add(new Vector2(item.CreateTime, 0f));
        mCacheUvList.Add(new Vector2(item.CreateTime, 1f));
        //UV 位置更新
        mCacheColorList.Add(color);
        mCacheColorList.Add(color);
```

```
    //顶点色更新
}
var trianglesCount = (mSectionList.Count - 1) * 2 * 3;
for (int j = 0; j < trianglesCount / 6; j++)
{
    mCacheTriangleList.Add(j * 2);
    mCacheTriangleList.Add(j * 2 + 1);
    mCacheTriangleList.Add(j * 2 + 2);
    mCacheTriangleList.Add(j * 2 + 2);
    mCacheTriangleList.Add(j * 2 + 1);
    mCacheTriangleList.Add(j * 2 + 3);
}//顶点顺序更新
mCacheMesh.SetVertices(mCacheVertexList);
mCacheMesh.SetColors(mCacheColorList);
mCacheMesh.SetUVs(0, mCacheUvList);
mCacheMesh.SetTriangles(mCacheTriangleList, 0);
//设置网格，这样设置可避免产生 GC 分配
}
```

UpdateTrail 函数主要将 mSectionList 字段所存放的信息处理为最终网格。对于顶点、UV、顶点色等信息可通过 List 进行缓存，这样做的好处是可以避免因此而产生的 GC 开销。

最后再提供一个函数以强制清空拖尾信息。

```
public void ClearTrail()                        //清空拖尾内容
{
    if (mCacheMesh != null)
    {
        mCacheMesh.Clear();
        mSectionList.Clear();
    }
}
```

至此 TrailMeshController 脚本中的定义及函数已讲解完成。接下来进入 TrailFx 脚本的编码，并对其进行调用。

（2）首先看一下 TrailFx 类的定义部分。

```
public class TrailFx : MonoBehaviour
{
    public TrailMeshController trailMeshController;
    public int itearate = 3;                //每帧叠代次数
    public bool toggle = true;
    Transform mCacheMainCameraTransform;    //缓存主相机变换
    Vector3? mLastPosition;                 //上一帧位置记录
    float mLastTime;                        //上一帧时间记录
    public Transform TrackPoint { get { return transform; } }  //跟踪点
    void OnEnable()
    {
        mCacheMainCameraTransform = Camera.main.transform;
    }
}
```

通过缓存主相机变换信息以便后续计算朝向，一些字段主要缓存了位置和时间等信息。Itearate 表示拖尾的叠代次数，TrackPoint 表示生成拖尾的跟踪点。

接下来看一下更新逻辑。由于该脚本的代码量并不多，这里直接列出其剩余部分。

```
public class TrailFx : MonoBehaviour
{
    //..定义及初始化部分，此处省略
    void LateUpdate()      //使用 LateUpdate 时序更新，以便在动画更新后执行该效果
    {
        if (mLastPosition != null)    //若存在上一帧位置，则进入处理
        {
            if (toggle)    //加入开关让拖尾不再触发，以达到已存在拖尾的自然消解效果
            {
                for (int i = 1; i <- itearate; i++)
                {
                    var delta = i / (float)itearate;
                    var pos = Vector3.Slerp(mLastPosition.Value, TrackPoint.
position, delta);
                    //与上一帧位置进行插值
                    var time = Mathf.Lerp(mLastTime, Time.time, delta);
                    //取时间差并按照叠代数量获取当前片的时间
                    var forward = (mCacheMainCameraTransform.position - pos).
normalized;
                    var tangent = (pos - mLastPosition.Value).normalized;
                    if (tangent == Vector3.zero) tangent = mCacheMainCamera
Transform.right;
                    //向量判断有内部重写，故进行相等比较。此时若无移动量，则应用相机方位
                    tangent = tangent.normalized;
                    var bionormal = Vector3.Cross(forward, tangent);
                    //以相机相对位置作为法线，并以移动方向作为切线求得垂直轴
                    var up = bionormal;
                    trailMeshController.Itearate(pos, up, time);//更新迭代
                }
            }
            trailMeshController.UpdateTrail(Time.time, Time.deltaTime);
        }
        mLastPosition = TrackPoint.position;     //缓存位置，下一次更新使用
        mLastTime = Time.time;                   //缓存时间，下一次更新使用
    }
    public void ClearTrail()                     //清空拖尾
    {
        mLastPosition = null;
        trailMeshController.ClearTrail();
    }
}
```

拖尾通常会受到动画更新的影响，故将更新时序放置在动画之后，也就是 LateUpdate 更新中。更新时通过与上一帧坐标进行插值，并加入主相机坐标以比较，最终得到 Section 的 Up 轴朝向信息，以进行更新。而时间信息则是比较上一次更新的时间差，并以迭代数将其插值并传入拖尾中进行更新。

我们将 TrailMeshController 脚本与 TrailFx 脚本挂载于不同的 GameObject 上，TrailFx 主要控制拖尾的位置信息。

接下来将开始拖尾扭曲 Shader 的编写。该 Shader 的使用需一张带有 RGB 三个通道信息的噪声贴图，并使用参数_Amp 进行强度及顶点色的影响进行控制。

```
Shader "Custom/BloodLineFX"
{
    Properties
    {
        _Color("Color", Color) = (1, 1, 1, 0.2)
        _MainTex("MainTexture", 2D) = "white" {}    //主贴图
        //噪声贴图，注意要用 RGB 三个通道的噪声
        _NoiseTex("NoiseTexture", 2D) = "white" {}
        _Amp("Amp", vector) = (1, 1, 1, 1)
        //xyz 表示不同轴的偏移值缩放，w 表示受顶点色影响的程度
    }
    SubShader
    {
        CULL Off
        ZWrite Off
        tags
        {
            "Queue" = "Transparent"
            "RenderType" = "Transparent"
        }
        Blend SrcAlpha OneMinusSrcAlpha
        Pass
        {
            CGPROGRAM
            #pragma vertex vert
            #pragma fragment frag
            #pragma multi_compile_fog
            #include "UnityCG.cginc"
            struct v2f
            {
                float4 pos : SV_POSITION;
                fixed4 color : Color;
                half2 uv : TEXCOORD0;
                UNITY_FOG_COORDS(1)
            };
            sampler2D _MainTex;
            sampler2D _NoiseTex;
            half4 _Amp;
            fixed4 _Color;
            #define UV_VERT_COLOR_OFFSET 0.01    //顶点色对于采样的偏移系数
            v2f vert(appdata_full v)
            {
                v2f o = (v2f)0;
                o.uv = v.texcoord;
                o.color = v.color;
                half3 offsetSample = tex2Dlod(_NoiseTex, float4(o.uv.x +
v.color.a * UV_VERT_COLOR_OFFSET, o.uv.y, 0, 0)).rgb;
                //通过噪声贴图获得偏移值采样结果
                //将偏移值转换为-1 至 1 的空间
                offsetSample = (offsetSample - 0.5) * 2;
                half3 offsetForce = offsetSample * pow((1 - v.color.a), _Amp.w);
```

```
        //将采样结果乘以顶点色系数，这样越往后的拖尾可以得到越大的偏移效果
        half3 offsetDir = half3(offsetForce.x * _Amp.x, offsetForce.y
* _Amp.y, offsetForce.z * _Amp.z);
        o.pos = UnityObjectToClipPos(v.vertex + offsetDir);
        //将处理后的偏移信息加予本地坐标
        UNITY_TRANSFER_FOG(o, o.pos);
        return o;
    }
    fixed4 frag(v2f i) : COLOR
    {
        fixed4 mainTex = tex2D(_MainTex, i.uv);
        fixcd4 result = mainTex * _Color;
        result.a *= i.color.a;
        UNITY_APPLY_FOG(i.fogCoord, result);
        return result;
    }
    ENDCG
  }
 }
}
```

最终将脚本挂载至场景，其表现效果如图 9.5 所示。

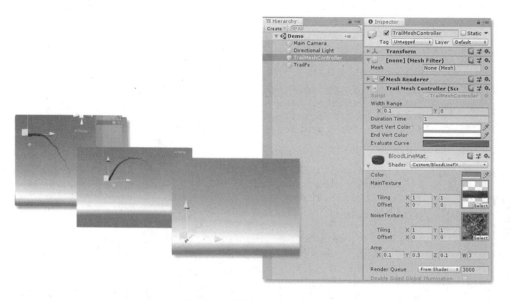

图 9.5　拖尾效果与层级配置

9.1.3　角色残影效果的再实现

在本作中，当隼龙触发灭杀之术和飞燕等技能时都会出现残影效果，如图 9.6 所示。这类残影效果在不同的动作游戏中被广泛使用。

图 9.6　残影效果图

对于残影效果，Unity 中的 SkinnedMeshRenderer 类提供了一个接口 BakeMesh，允许我们拿到当前动画帧的网格数据，借此可对烘焙网格使用半透明的边缘泛光 Shader，以达到残影效果。

（1）首先编写烘焙残影网格，并对所管理的残影创建脚本：

```
public class ShadowFx : MonoBehaviour
{
    const string SHADOW_FX_NAME_PREFIX = "Shadow_";
    public Shader shader;                              //透明边缘泛光 Shader
    public SkinnedMeshRenderer skinnedMeshRenderer;    //蒙皮网格
    public float fadeTime = 0.5f;                      //淡出时间
    public MonoBehaviour coroutineMonoBehaviour;
    //协程开启对象，防止因自身关闭而导致残影协程停止
    GameObject mShadowFxGO;
    void OnEnable()
    {
        //残影特效触发协程
        coroutineMonoBehaviour.StartCoroutine(ShadowFxTrigger());
    }
    void OnDestroy()
    {
        if (mShadowFxGO)                               //特殊情况残影销毁处理
            Destroy(mShadowFxGO);
    }
    IEnumerator ShadowFxTrigger()
    {
```

```
        mShadowFxGO = new GameObject(SHADOW_FX_NAME_PREFIX + Time.time);
        mShadowFxGO.transform.position = skinnedMeshRenderer.transform.
position;
        mShadowFxGO.transform.rotation = skinnedMeshRenderer.transform.
rotation;
        mShadowFxGO.transform.localScale = skinnedMeshRenderer.transform.
localScale;
        //复制变换信息
        var meshRenderer = mShadowFxGO.AddComponent<MeshRenderer>();
        var meshFilter = mShadowFxGO.AddComponent<MeshFilter>();
        var mesh = new Mesh() { name = mShadowFxGO.name };
        skinnedMeshRenderer.BakeMesh(mesh);              //烘焙残影
        meshFilter.sharedMesh = mesh;
        var mat = new Material(shader);
        mat.CopyPropertiesFromMaterial(skinnedMeshRenderer.sharedMaterial);
        //从主材质球复制参数
        meshRenderer.sharedMaterial = mat;
        var cacheMatColor = mat.color;
        var beginTime = Time.time;
        for (var duration = fadeTime; Time.time - beginTime <= duration;)
        {
            var t = (Time.time - beginTime) / duration;
            mat.color = new Color(cacheMatColor.r, cacheMatColor.g,
cacheMatColor.b, Mathf.Lerp(1f, 0f, t));
            yield return null;
        }//残影消隐插值
        Destroy(mShadowFxGO);                            //销毁残影
    }
}
```

该脚本可挂载于角色节点下，将角色蒙皮网格、残影特效 Shader 等进行挂载即可。当需要创建残影时，可将脚本激活，然后自动创建一个残影并随之销毁。

（2）接下来开始编写残影的 Shader 脚本。该脚本主要以半透明的 Surface Shader 为基础，并加入边缘发光处理。由于半透明物体渲染时会有区域重叠的问题，这里增加一个 pass 预先绘制深度，用 Surface Shader 绘制多 pass 只需要将自定义的 pass 内容写在前半部分即可。

```
Shader "Custom/RimFxShader"
{
    Properties
    {
        _Color ("Color", Color) = (1,1,1,1)
        _MainTex ("Albedo (RGB)", 2D) = "white" {}
        _Glossiness ("Smoothness", Range(0,1)) = 0.5
        _Metallic ("Metallic", Range(0,1)) = 0.0
        //一些常规字段的声明
        _BumpMap("Normal Texture (RGB)", 2D) = "white" {}     //法线贴图
        _RimColor("Rim Color", Color) = (1,0.0, 0.0, 0.0)     //泛光颜色
```

```
        _RimPower("Rim Power", float) = 2.0                    //泛光强度
    }
    SubShader
    {
        Tags
        {
            "Queue" = "Transparent"
            "RenderType" = "Transparent"
        }//半透明 Shader 标签声明
        Pass
        {
            ZWrite On
            ColorMask 0
        }//预先写深度的 pass
        CGPROGRAM
        #pragma surface surf Standard fullforwardshadows alpha:fade
        //留意 alpha:fade，使用半透明 Shader 需加入这一段声明
        #pragma target 3.0
        sampler2D _MainTex;
        fixed4 _RimColor;               //边缘泛光的颜色
        half _RimPower;                 //边缘泛光的强度
        struct Input
        {
            float2 uv_MainTex;
            float2 uv_BumpMap;
            half3 viewDir;
            //边缘泛光所需要的默认参数
        };
        sampler2D _BumpMap;
        half _Glossiness;
        half _Metallic;
        fixed4 _Color;
        UNITY_INSTANCING_BUFFER_START(Props)
        UNITY_INSTANCING_BUFFER_END(Props)
        void surf (Input IN, inout SurfaceOutputStandard o)
        {
            o.Normal = UnpackNormal(tex2D(_BumpMap, IN.uv_BumpMap));
            //计算边缘泛光强度
            half rim = 1.0 - saturate(dot(normalize(IN.viewDir), o.Normal));
            fixed4 c = tex2D (_MainTex, IN.uv_MainTex) * _Color;
            o.Albedo = c.rgb;
            o.Metallic = _Metallic;
            o.Smoothness = _Glossiness;
            o.Emission = _RimColor.rgb * pow(rim, _RimPower);
            //乘以边缘泛光颜色并赋予自发光通道
            //边缘泛光强度与颜色 Alpha 相乘，并赋予 Alpha 通道
            o.Alpha = rim * c.a;
        }
        ENDCG
    }
}
```

（3）最后将 RimFx Shader 与残影创建脚本组合，完成创建，如图 9.7 所示。

图 9.7   残影效果

9.2   《君临都市》案例剖析

君临都市是一款 PS2 末期推出的动作游戏,它沿袭了格斗游戏严谨的判定并以拳脚格斗作为其主要战斗模式。战斗中存在着大量的投技、拆投、组合技等,游戏中还设有部位破坏的独特概念,角色被分为上中下三段伤害区域,玩家不可一味地对其某一段进行攻击,从而增加战斗的策略性。本节将针对多人组合技能以及人形通用动作的设计来进行剖析。

9.2.1   通用动作方案设计

本作中设有 60 名敌人,包括不同的流派、体型、身高等,如第 16 关的空手道角色或女主角的功夫等。如此之多的角色动画是这一类游戏的典型问题之一,通常可以采用一套通用动画的多个不同形体的方式并借助通用骨骼去解决,即一个动画同时做瘦、中、胖三个版本,以匹配不同体型的敌人。在 Unity 引擎中,使用人形动画的功能可以解决这类需求。

继续观察本作会发现,一些流派使用的角色相对较少,且角色大都为中等体型,并且女性角色较少。所以进一步优化,在制作通用骨骼动画时对于使用固定流派的敌人可以做一套通用;而对于通用流派的敌人,建议依据身高、体型制作两套或以上通用动画即可。

9.2.2　组合攻击的再实现

本作中的组合攻击通常是指多个己方角色同时对敌人发动的特殊动画攻击，或者是依赖站位在特殊条件下主角一人对多人发动的特殊动画攻击，如图 9.8 所示。

图 9.8　一对二组合攻击示意图

这里以主角一对多组合攻击的情形进行脚本实现，这种情形的触发逻辑一般是当主角周边站有敌人时，以敌人的某种朝向、站姿的指定规则进行触发。考虑到其与技能系统还是有一些区别，并且较为依赖敌人朝向等信息，故这里单独作为一个模块制作。

先来看一下实现这个模块所需要的脚本结构关系，如图 9.9 所示。

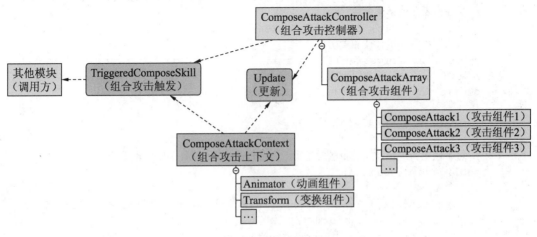

图 9.9　组合攻击功能脚本的逻辑关系

在图 9.9 中，ComposeAttackController 脚本中存放着不同的组合攻击类型，通过 Update 事件函数每帧更新当前可触发的组合攻击，并将信息存于索引字段中。上下文 Compose-AttackContext 结构的信息存放了组合攻击所需角色的自身组件，如 Animator、Transform 等，可根据需求自行增加字段。TriggeredComposeSkill 函数是在外部模块调用时触发并通过协程执行的。

（1）首先定义一些基础脚本。先来定义上下文结构，它包含了角色自身的一些信息。

```
public struct ComposeAttackContext
{
    public Transform CasterTransform { get; set; } //自身变换
    public Animator Animator { get; set; }          //自身 Animator 组件
}
```

随后编写 ComposeAttackBase 脚本，它定义了组合攻击的基本抽象行为。

```
public abstract class ComposeAttackBase : ScriptableObject
{
    public abstract bool CanTrigger(ComposeAttackContext context, bool
prepareTrigger);
    public abstract IEnumerator Trigger(ComposeAttackContext context);
}
```

CanTrigger 函数判断当前是否可以触发组合攻击；第二个参数 prepareTrigger 决定是否记录参数以准备触发组合攻击，例如在检测的同时记录下 RaycastHit 信息。第二个函数 Trigger 将进入触发逻辑。

（2）接下来编写 ComposeAttackController 脚本，用于处理组合攻击逻辑，是该模块的核心脚本。

```
public class ComposeAttackController : MonoBehaviour
{
    [SerializeField] Animator animator = null; //上下文所需接口，面板暴露参数
    //组件列表面板暴露参数
    [SerializeField] ComposeAttackBase[] composeAttackArray = null;
    //当前已触发的组合技能索引
    public int TriggerableComposeAttackIndex { get; private set; }
    //对外提供组合技能数组列表
    public ComposeAttackBase[] GetComposeAttackArray()
    {
        return composeAttackArray;
    }
    //每一帧更新组合技能是否触发逻辑，但可修改 enabled 关闭脚本更新
    public void Update()
    {
        var context = new ComposeAttackContext() { Animator = animator,
CasterTransform = transform };
        for (int i = 0; i < composeAttackArray.Length; i++)
        {
```

```
            var item = composeAttackArray[i];
            if (item.CanTrigger(context, true))   //触发条件检测
            {
                TriggerableComposeAttackIndex = i;
                break;
            }
        }
    }
    public IEnumerator TriggeredComposeSkill(int index)//组合技能的触发接口
    {
        if (index > composeAttackArray.Length - 1)        //索引越界报错
            throw new ArgumentOutOfRangeException();
        var context = new ComposeAttackContext() { Animator = animator,
CasterTransform = transform };
        yield return composeAttackArray[index].Trigger(context);//执行触发
    }
}
```

通常将该脚本挂载至角色自身。

（3）接着编写一个具体组合攻击脚本 ComposeAttack1。若角色前后或左右都有敌人，就会触发该组合攻击。

```
[CreateAssetMenu(fileName = "ComposeAttack1", menuName = "ComposeAttacks/
Attack1")]
public class ComposeAttack1 : ComposeAttackBase
{
    public float yOffset = 1f;                          //检测碰撞的 y 轴偏移
    public Vector3 size = new Vector3(1f, 2f, 1f); //检测碰撞的大小
    //前后左右检测距离偏移
    public Vector4 aroundOffset = new Vector4(0.5f, 0.5f, 0.5f, 0.5f);
    public LayerMask layerMask;
    bool mIsForwardAndBackword;
    public override bool CanTrigger(ComposeAttackContext context, bool
prepareTrigger)
    {
        var upAxis = -Physics.gravity.normalized;    //垂直轴
        var right = Vector3.ProjectOnPlane(context.CasterTransform.right,
upAxis);                                           //投影右侧方向
        var forward = Vector3.ProjectOnPlane(context.CasterTransform.forward,
upAxis);                                           //投影的前方
        var upAxisOffset = upAxis * yOffset;          //垂直轴偏移
        var forwardFlag = Physics.CheckBox(context.CasterTransform.position
                + upAxisOffset + forward * aroundOffset.x
            , size
            , Quaternion.identity
            , layerMask);                              //前方检测
        var backwardFlag = Physics.CheckBox(context.CasterTransform.position
```

```
                 + upAxisOffset + (-forward) * aroundOffset.y
            , size
            , Quaternion.identity
            , layerMask);                          //后方检测
        if (forwardFlag && backwardFlag)    //前后都有敌人
        {
            if (prepareTrigger) mIsForwardAndBackward = true;
            return true;
        }
        var leftFlag = Physics.CheckBox(context.CasterTransform.position
                + upAxisOffset + (-right) * aroundOffset.z
            , size
            , Quaternion.identity
            , layerMask);                          //左侧检测
        var rightFlag = Physics.CheckBox(context.CasterTransform.position
                + upAxisOffset + right * aroundOffset.w
            , size
            , Quaternion.identity
            , layerMask);                          //右侧检测
        if (rightFlag && leftFlag)          //左右都有敌人
        {
            if (prepareTrigger) mIsForwardAndBackward = false;
            return true;
        }
        return false;
    }
    public override IEnumerator Trigger(ComposeAttackContext context)
    {
        if (mIsForwardAndBackword)              //前后都有敌人的情况
        {
            context.Animator.Play("Range_Attack");
        }
        else                                   //左右都有敌人的情况
        {
            context.CasterTransform.forward = context.CasterTransform.right;
            //先将角色朝向切至右边
            context.Animator.Play("Range_Attack");
        }
        yield return null;
    }
}
```

这里通过 CheckBox 接口检测四周是否有敌人，mIsForwardAndBackword 变量存储是左右受敌状态还是前后受敌状态。Trigger 函数中的处理这里较为简单，在实际项目中建议将具体技能逻辑置于其中。

（4）最后将其在 Project 面板中创建，并结合 ComposeAttackController 脚本将其挂载。当外部模块触发输入后调用触发接口以触发组合攻击，如图 9.10 所示。

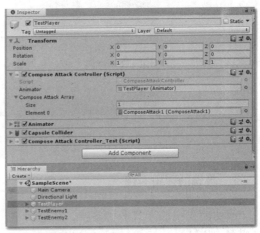

图 9.10　组合攻击完成效果图

9.3　《战神 3》案例剖析

《战神 3》是由索尼第一方 SCEA（Sony Computer Entertainment Inc of America）工作室所打造的 Triple-A 级经典动作类游戏。该作品以宏大的场景设计、电影化的互动叙事以及对暴力美学的独特诠释等被玩家们为之称道。本节将针对其中一些有技巧性的特性内容进行再实现，包括混沌之刃的锁链拉伸和红魂的插值动画等。

9.3.1　吸魂效果的再实现

大多数动作游戏都会使用魂来作为怪物死后的货币存在，这种魂会在怪物死后出现，当玩家接近时便会吸附到玩家身上。《战神 3》也不例外，但这一代的吸魂效果与前两作稍有些不一样，主要是在魂的形态上，在程序表现上依旧是先向外扩散，再向内聚拢的形式，如图 9.11 所示。

图 9.11　《战神 3》中的吸魂效果图

1. 吸魂的逻辑实现

该功能实现的方式多种多样，这里使用一种性能开销较低的做法，即将每一个魂的数据放在同样的结构体当中，并以插值的方式在一个 Update 内遍历所有魂对象，并通过当前时间进行插值更新。

（1）首先编写描述魂信息的结构体脚本：

```
public struct SoluInfo
{
    public Vector3 OriginPosition { get; set; }     //初始坐标
    public Vector3 Direction { get; set; }          //魂相对中心点的飞出方向
    public GameObject SoulGO { get; set; }          //GameObject 对象
}
```

该结构体描述了魂的基本信息，在初始化创建时会随机确定一个飞出方向，以便后续的插值动画进行处理。

这里将魂的扩散与聚拢分为两个插值动画去处理，同时将这两个插值动画编写为函数并写在结构体内。

```
public struct SoluInfo
{
    const float BOUNCE_HEIGHT = 2.2f;          //弹出高度
    //变量声明部分的代码省略
    //扩散插值函数
    public Vector3 Spread(int index, float time01, Vector3 upAxis)
    {
        const float RADIUS = 1.4f;                  //扩散半径
        var t01 = time01;                           //0~1 范围的插值变量
        //扩散力的大小
        var dirForce = Direction * Mathf.Lerp(0f, RADIUS, t01);
        var t01_Arc = Mathf.Lerp(Mathf.Lerp(0f, 1f, t01), Mathf.Lerp(1f, 0f,
t01), t01 * t01);
        //弧形插值, 若初始值为 0, 最高值为 1, 其插值过程为 0-1-0
```

```
    var upForce = Vector3.Lerp(Vector3.zero, upAxis * BOUNCE_HEIGHT,
t01_Arc);                                //弹出的浮空力
    return OriginPosition + (dirForce + upForce);//初始位置与两个力相加
    }
    //吸附到玩家的插值函数
    public Vector3 AdsorbToPlayer(int index, float time01, Vector3 upAxis,
Vector3 soulPosition, Vector3 playerPosition)
    {
        const float SIN_BEGIN = 1.75f;           //正弦曲线的取值点 1
        const float SIN_END = 4.3f;              //正弦曲线的取值点 2
        const float INERTIA = 1.2f;              //惯性值
        var t01 = 1f - (Mathf.Sin(Mathf.Lerp(SIN_BEGIN, SIN_END, time01))
+ 1f) * 0.5f;
        //通过取正弦曲线的一部分作为缓动值，这里是需要 EaseOut 类型缓动插值
        t01 = Mathf.Clamp01(t01);                //插值重新归一化
        var t01_Arc = Mathf.Lerp(Mathf.Lerp(0f, 1f, t01), Mathf.Lerp(1f, 0f,
t01), t01);                               //弧形插值
        var upForce = Vector3.Lerp(Vector3.zero, upAxis * BOUNCE_HEIGHT,
t01_Arc);                                //浮空力
        //聚拢时的方向力惯性
        var dirForce = Direction * Mathf.Lerp(0f, INERTIA, t01_Arc);
        return Vector3.Lerp(soulPosition, playerPosition, t01 * t01) +
upForce + dirForce;
        //最终将所有力组合，注意 t01*t01 可以达到逐渐变快的插值效果
    }
}
```

正弦波插值和弧形插值函数都可以通过固定的时间参数进行采样，它们用到的一些插值类型在第 2 章中介绍过。

（2）接下来编写吸魂的核心脚本 SoulAdsorber。由于在之前的内容中已经介绍了池的简易创建过程，所以这里不再为其编写池功能，而改为直接以实例化的方式创建，以节省篇幅。

该脚本的字段定义与初始化部分如下：

```
public class SoulAdsorber : MonoBehaviour
{
    [SerializeField] GameObject templateGO = null; //模板对象
    [SerializeField] int soulCount = 10;            //创建魂的数量
    [SerializeField] float speed = 0.77f;           //魂的速度加成
    SoluInfo[] mSoulInfoArray;                       //魂信息存储数组
    float mTimer;                                    //用以记录魂的动画时间

    void OnEnable()
    {
        if (mSoulInfoArray == null || mSoulInfoArray.Length != soulCount)
            //若数组未初始化，则初始化处理
            mSoulInfoArray = new SoluInfo[soulCount];
        var upAxis = Physics.gravity.normalized;     //获得 Y 轴信息
        for (int i = 0; i < mSoulInfoArray.Length; i++)
        {
            var unitCirclePoint = Random.insideUnitCircle;
            var unitCircle3DPoint = new Vector3(unitCirclePoint.x, 0,
```

```
unitCirclePoint.y);
            //随机一个点，并且不包含 Y 轴信息
            var soulGO = Instantiate(templateGO, transform.position,
transform.rotation, transform);
            soulGO.SetActive(true);           //从模板实例化，并激活使红魂对象显示
            mSoulInfoArray[i] = new SoluInfo()
            {
                OriginPosition = soulGO.transform.position,
                Direction = Vector3.ProjectOnPlane(unitCircle3DPoint, upAxis).
normalized,                                    //重新投影 Y 轴信息
                SoulGO = soulGO,
            };                                //初始化魂的信息
        }
        mTimer = 1f;                          //初始化动画时间记录的变量
    }
}
```

这里定义了魂的模板字段，并在 OnEnable 函数中进行了初始化逻辑的操作，包含时间变量的重新赋值、魂初始方向的随机生成等。

（3）最后编写 Update 函数，更新魂的动画信息。

```
public class SoulAdsorber : MonoBehaviour
{
    //省略步骤
    void Update()
    {
        const float SOUL_TIME_OFFSET = 0.025f;      //每个魂的动画采样偏移
        const float SPREAD_TIME = 0.4f;             //扩散插值动画的时间
        const float ADSORB_TIME = 1f - SPREAD_TIME; //吸收插值动画的时间
        var upAxis = -Physics.gravity.normalized;   //垂直方向轴
        if (mTimer > 0f)                            //若计时变量大于 0，则更新动画
        {
            var t01 = 1f - mTimer / 1f;             //转换获得 0-1 的插值变量
            //TODO: var playerPosition = ...
            //获取玩家位置，并在垂直轴上增加 0.5 的偏移
            //这里的玩家位置应由外部模块传入
            for (int i = 0; i < mSoulInfoArray.Length; i++)
            {
                var item = mSoulInfoArray[i];
                var local_t01 = t01 + SOUL_TIME_OFFSET * i;
                //遍历每个魂对象，并以索引作为偏移
                var t1 = Mathf.Min(local_t01, SPREAD_TIME) / SPREAD_TIME;
                var t2 = Mathf.Max(local_t01 - SPREAD_TIME, 0f) / ADSORB_TIME;
                //重新映射第一步动画与第二步动画的插值信息
                var soulPosition = item.SoulGO.transform.position;
                soulPosition = item.Spread(i, t1, upAxis);
                soulPosition = item.AdsorbToPlayer(i, t2, upAxis, soulPosition,
playerPosition);    item.SoulGO.transform.position = soulPosition;
                //对第一步扩散与第二步吸收动画进行插值处理
            }
```

```
        else
        {
            //TODO..
            //若插值结束, 则对玩家进行 HP 增加等逻辑
        }
        mTimer -= Time.deltaTime * speed;        //计时变量更新
    }
}
```

这里通过插值计时变量 mTimer 对红魂的扩散和吸收等进行 0～1 范围的插值操作, 而对于每一个魂通过增加偏移值的方式, 可以对插值进行偏移。接下来细分到两个插值函数, 再进行插值变量的转换, 最终完成整个插值过程。

2. 红魂的素材资源制作

本作中的红魂增加了 HDR 效果, 使其更泛白色。制作红魂贴图可在 Photoshop 中用多个图层叠加进行制作。其粒子贴图的材质球可设置 Emission 自发光通道, 将 Rendering Mode 渲染模式设置为 Fade, 如图 9.12 所示, 可以达到较好的效果。

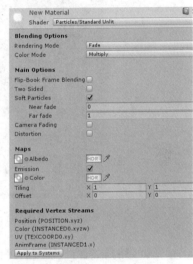

图 9.12　粒子材质球参数设置

设置好后开始细调粒子参数, 观察本作红魂有一定的拖尾感, 可增加子粒子组件, 将其改为世界坐标发射, 并进行一定的参数细调。

主粒子组件可以保持本地坐标粒子, 将速度设为最低, 以保证自身不会发生移动, 并进行一定的参数细调, 最终效果如图 9.13 所示。

图 9.13　吸魂效果完成

9.3.2　链刃伸缩效果的再实现

　　链刃一直是《战神》系列的标志性武器,攻击时链刃末端的刀刃会随着锁链一并甩动而击向敌人,如图 9.14 所示。对于铁链的伸缩及自由摆动效果的实现,可从程序或美术两个不同方向上进行解决。本节尝试从程序方向上通过弹簧质点的方式来实现,供读者参考。

图 9.14　主角在战斗中挥舞的链刃

　　受链刃的伸缩特性需要,可借助 LineRenderer 的平铺贴图模式进行显示,这样贴图将不会受到锁链长度的影响,如图 9.15 所示。

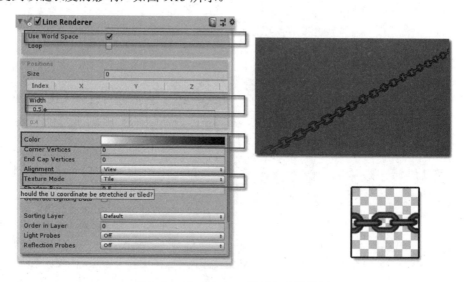

图 9.15　LineRenderer 平铺与参数设置

对于链刃的弯曲、挥动等自然效果，可以参考弹簧质点系统的方式，加入一些简单的质点，进行链条的物理效果模拟，若需求复杂还可将模拟内容烘焙为动画继续手动调节。我们使用 Catmull-Rom 插值对其进行平滑处理，以便用曲线形式最终呈现，如图 9.16 所示。

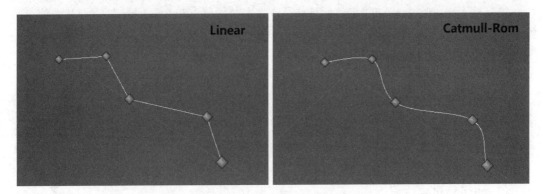

图 9.16　Catmull-Rom 插值

（1）首先开始质点控制脚本的编写，该脚本管理着每一个控制点。

```
public class ChainMassPoint : MonoBehaviour
{
    public ChainMassPoint parentNode;          //父节点
    public ChainMassPoint childrenNode;        //孩子节点
    public float moveTweenSpeed = 17f;         //移动插值速度
    public float rotateTweenSpeed = 22f;       //旋转插值速度
    public float distance = 3f;                //质点间距离
    void Update()
    {
        var isRootNode = parentNode == null;
        if (isRootNode)                        //只有根节点才会执行更新
            childrenNode.UpdateNode();
    }
    void UpdateNode()
    {
        var position = transform.position;
        var dstPoint = parentNode.transform.position - parentNode.transform.
forward * distance;
        transform.position = Vector3.Lerp(position, dstPoint, moveTweenSpeed
* Time.deltaTime);
        //更新位置
        var dir = (parentNode.transform.position - transform.position).
normalized;
        transform.forward = Vector3.Lerp(transform.forward, dir, rotate
TweenSpeed * Time.deltaTime);
        //更新 LookAt 到向上一节点的旋转向量
        if (childrenNode != null)              //如果存在，则更新下一个孩子节点
            childrenNode.UpdateNode();
    }
}
```

　　该脚本有两个字段分别存放父节点与孩子节点，为了保证更新顺序正确，每一帧当中将由根节点负责更新并向下递归。更新时每个节点除了更新位置信息并重置距离之外，还会看向父节点并进行插值更新。

　　（2）接下来编写 StretchChainFx 脚本。该脚本负责将 LineRenderer 与质点节点信息最终整合。

```
public class StretchChainFx : MonoBehaviour
{
    public const int POINTS_MAXIMUM = 512;  //最大最终点数
    public ChainMassPoint[] controlPoints;  //控制质点
    public LineRenderer lineRenderer;
    public float controlPointStep = 0.1f;   //质点间插值步幅
    //用以绑定末端点的变换，例如绑定武器到锁链尾部
    public Transform lastPointTransform;
    List<Vector3> mInternalPointsList;       //内部插值点 List
    void Awake()
    {
        mInternalPointsList = new List<Vector3>(POINTS_MAXIMUM);
    }
    void Update()
    {
        mInternalPointsList.Clear();
        DrawSmoothPath();                     //进行平滑路径处理
        lineRenderer.positionCount = mInternalPointsList.Count;
        for (int i = 0; i < mInternalPointsList.Count; i++)
        {
            lineRenderer.SetPosition(i, mInternalPointsList[i]);
        }//更新内部插值点到 LineRenderer
        if (lastPointTransform)          //若存在绑定变换，则更新到末端点位置
        {
            lastPointTransform.position = mInternalPointsList[mInternal
PointsList.Count - 1];
            lastPointTransform.forward = (mInternalPointsList[mInternal
PointsList.Count - 2] - mInternalPointsList[mInternalPointsList.Count - 1]).
normalized;
        }
    }
    void DrawSmoothPath()
    {
        //由于 CatmullRom 插值不会更新第一个点和最后一个点，所以回去手动调用
        //DrawCurve 函数进行处理
        var fixA = controlPoints[0].transform;
        var fixB = controlPoints[1].transform;
        var fixC = controlPoints[2].transform;
        var diff = fixB.position - fixA.position;
        var fill = fixA.position + diff.normalized * diff.magnitude;
        DrawCurve(fill, fixA.position, fixB.position, fixC.position);
        //更新起始点曲线插值
        for (int i = 3; i < controlPoints.Length; i++)
        {
            var a = controlPoints[i - 3].transform.position;
```

```
        var b = controlPoints[i - 2].transform.position;
        var c = controlPoints[i - 1].transform.position;
        var d = controlPoints[i].transform.position;
        DrawCurve(a, b, c, d);
    }
    //更新中间点曲线插值
    fixA = controlPoints[controlPoints.Length - 3].transform;
    fixB = controlPoints[controlPoints.Length - 2].transform;
    fixC = controlPoints[controlPoints.Length - 1].transform;
    diff = fixC.position - fixB.position;
    fill = fixC.position + diff.normalized * diff.magnitude;
    DrawCurve(fixA.position, fixB.position, fixC.position, fill);
    //更新末端点曲线插值
}
void DrawCurve(Vector3 p0, Vector3 p1, Vector3 p2, Vector3 p3)
{
    for (float i = 0; i <= 1f; i += controlPointStep)
    {
        mInternalPointsList.Add(CatmullRom(p0, p1, p2, p3, i));
    }
    //以一定步幅模拟曲线并记录曲线点
}
Vector3 CatmullRom(Vector3 p0, Vector3 p1, Vector3 p2, Vector3 p3, float u)
{
    var r = p0 * (-0.5f * u * u * u + u * u - 0.5f * u) +
        p1 * (1.5f * u * u * u + -2.5f * u * u + 1f) +
        p2 * (-1.5f * u * u * u + 2f * u * u + 0.5f * u) +
        p3 * (0.5f * u * u * u - 0.5f * u * u);
    return r;
}//CatmullRom 插值函数，u 为 0-1 的插值信息
}
```

该脚本通过对传入的控制点信息进行 Catmull-Rom 插值操作，并将以一定步幅的插值结果存入 mInternalPointsList 结构中，最终传入 LineRenderer 组件进行线条绘制，通过对末端点的绑定实现武器在锁链末端的跟随。最终效果如图 9.17 所示。

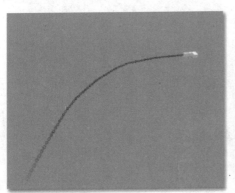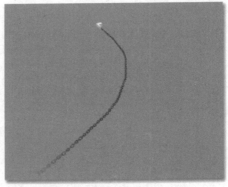

图 9.17　链刃参考效果

9.3.3　赫利俄斯照射的再实现

在本作中，当主角击败太阳神赫利俄斯之后，即可获得道具太阳神的头部。该道具可以对关卡内隐蔽的石板进行照射，当照射区域超过某一数值后，石板后的区域将逐渐浮现，而石板将淡出消失。从技术上来说，对于 ComputeShader 的使用，该功能具有一定的代表性。通过将不同的像素块交给 ComputeShader 线程组去处理，可以快速完成照射区域的统计任务，而照射的部分则可交予 RenderTexture，并不断去积累之前帧的画面内容。本节将实现该效果，如图 9.18 所示。

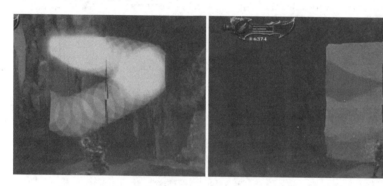

图 9.18　使用道具'太阳神头部'进行关卡解谜

（1）首先使用聚光灯配合射线作为测试脚本，模拟太阳神头部的照射效果。

```
public class SpotLightControl : MonoBehaviour
{
    const string HELIOS_HEAD_DET_POINT_ID = "_Helios_Head_Det_Point";
    [SerializeField] float rotateSpeed = 60f;
    void Update()
    {
        //测试内容，上下左右四个照射方向
        if (Input.GetKey(KeyCode.K))
            transform.Rotate(rotateSpeed * Time.deltaTime, 0f, 0f);
        if (Input.GetKey(KeyCode.I))
            transform.Rotate(-rotateSpeed * Time.deltaTime, 0f, 0f);
        if (Input.GetKey(KeyCode.L))
            transform.Rotate(0f, rotateSpeed * Time.deltaTime, 0f);
        if (Input.GetKey(KeyCode.J))
            transform.Rotate(0f, -rotateSpeed * Time.deltaTime, 0f);
        const float HELIOS_RAYCAST_LEN = 5f;         //检测射线的长度
        var raycastHit = default(RaycastHit);
        var isHit = Physics.Raycast(new Ray(transform.position, transform.
forward), out raycastHit, HELIOS_RAYCAST_LEN);
        //测试用射线
        Shader.SetGlobalVector(HELIOS_HEAD_DET_POINT_ID, isHit ? raycastHit.
point : Vector3.zero);
```

```
        //射线接触点即为检测点。将其传入 Shader 全局向量中以便后续处理
    }
}
```

该脚本通过简单的键盘输入检测在聚光灯照射时发出的射线,并将射线接触点位置传入 Shader 的全局变量中。编写完后将脚本挂载至一个测试用的聚光灯组件上。

(2)接下来使用 Unity 2019 中新加入的 CustomRenderTexture 绘制照射的光线信息。在 Project 面板中右击,选择 Create | Custom Render Texture 命令即可创建。它允许用户直接在资源上绑定材质球,从而免去一些操作。

(3)开始准备测试石板,使用 Standard Shader 即可。准备石板材质,并将之前创建的 Custom Render Texture 挂载至石板材质球的 Emission 通道上,并调节好颜色参数,如图 9.19 所示。

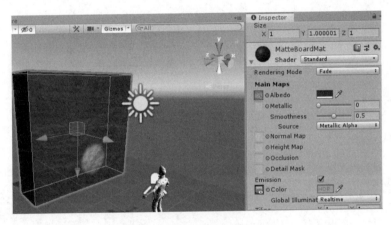

图 9.19　测试石板材质的设置

(4)编写蒙版脚本 MatteBoard。该脚本为蒙版的核心脚本,可将不同的内容组合。对于照射点的检测,这里可通过虚拟面片的方式实现,通过方向轴与世界坐标信息并加上宽高等参数虚拟出一个面片,并通过 Shader 传入 Custom Render Texture 时乘以 UV 信息,得到每一个像素点的世界坐标位置。首先编写 Gizmos 的绘制和参数传入等基础逻辑。

```
public class MatteBoard : MonoBehaviour
{
    const string MATTE_BOARD_POSITION = "_Matte_Board_Position";
    const string RIGHT_VECTOR_ID = "_Right_Vector";
    const string UP_VECTOR_ID = "_UP_Vector";
    public CustomRenderTexture customRenderTexture;
    public float width = 1f;
    public float height = 1f;
    //虚拟蒙版宽度与高度
    void Awake()
    {
        InitFocusLight();
    }
}
```

```
void Update()
{
    UpdateFocusLight();
}
    void InitFocusLight()
    {
        customRenderTexture.initializationColor = Color.black;
        customRenderTexture.Initialize();
        //初始化 Custom Render Texture
    }
    void UpdateFocusLight()
    {
        var customRenderTextureMat = customRenderTexture.material;
        customRenderTextureMat.SetVector(MATTE_BOARD_POSITION, transform.
position);
        customRenderTextureMat.SetVector(RIGHT_VECTOR_ID, transform.right
* width);
        customRenderTextureMat.SetVector(UP_VECTOR_ID, transform.up * height);
        //通过 right 和 up 轴的方向信息传入虚拟蒙版的宽度和高度值
        customRenderTexture.Update();
        //更新 Custom Render Texture，应用其材质球内容
    }
    void OnDrawGizmos()
    {
        var rightMax = transform.right * width;
        var upMax = transform.up * height;
        Gizmos.DrawLine(transform.position, transform.position + rightMax);
        Gizmos.DrawLine(transform.position, transform.position + upMax);
        Gizmos.DrawLine(transform.position + rightMax, transform.position
+ rightMax + upMax);
        Gizmos.DrawLine(transform.position + upMax, transform.position +
rightMax + upMax);
        //绘制虚拟蒙版 Gizmos 线条
    }
}
```

　　该脚本可以通过参数绘制虚拟面片的 Gizmos，为该面片设置合理的宽高信息并附着于石板上，即可正确比较照射坐标。

　　（5）既然照射相交坐标的位置得到了，Shader 更新时的像素世界坐标位置也就得到了，那么开始 Custom Render Texture Shader 部分的编写。

```
Shader "Custom/MatteBoard"
{
    Properties
    {
        _Tex("InputTex", 2D) = "white" {}          //用于读取之前帧 RT 的图像信息
        _Fade("Fade", float) = 1                    //该参数用于整体隐藏
    }
    SubShader
    {
        Lighting Off
        Blend One Zero
        Pass
```

```
        {
            CGPROGRAM
            #include "UnityCustomRenderTexture.cginc"
            #pragma vertex CustomRenderTextureVertexShader
            #pragma fragment frag
            #pragma target 3.0
            sampler2D _Tex;
            float4 _Matte_Board_Position;
            float4 _Right_Vector;
            float4 _UP_Vector;
            float4 _Helios_Head_Det_Point;        //外部传入的信息
            float _Fade;                          //整体隐藏参数
            #define BRUSH_RADIUS 0.75             //照射半径
            #define LIGHT_INTENSITY 0.25          //每帧照射的光强
            #define ATTE_SPEED 0.005              //自然衰减速度
            fixed4 frag(v2f_customrendertexture IN) : COLOR
            {
                fixed4 result = 0;
                half2 uv = IN.globalTexcoord.xy;
                half3 worldPos = _Matte_Board_Position + _Right_Vector * uv.x
+ _UP_Vector * uv.y;                             //还原得到的像素世界坐标位置
                //与检测点距离
                half dist = distance(worldPos, _Helios_Head_Det_Point.xyz);
                if (dist <= BRUSH_RADIUS)          //若在距离内, 则绘制
                    result = tex2D(_Tex, uv) + (1 - (dist / BRUSH_RADIUS)) *
LIGHT_INTENSITY;
                else                               //不在距离内, 则自然衰减图像
                    result = saturate(tex2D(_Tex, uv) - ATTE_SPEED);
                return fixed4(result.rgb, _Fade);//合并输出
            }
            ENDCG
        }
    }
}
```

该 Shader 通过读取传入的参数实现了检测照射点, 并进行照射内容的更新, 同时使用 _Tex 去混合上一帧的内容。

接下来回到 MatteBoard 脚本, 增加 _Tex 字段的传入内容。

```
public class MatteBoard : MonoBehaviour
{
    const string TEX_PROP = "_Tex";
    //省略部分代码
    void UpdateFocusLight()
    {
        var tempRT = RenderTexture.GetTemporary(customRenderTexture.descriptor);
        //获取一张临时的 RenderTexture
        Graphics.Blit(customRenderTexture, tempRT); //内容复制
        customRenderTextureMat.SetTexture(TEX_PROP, tempRT);
        //省略部分代码
        RenderTexture.ReleaseTemporary(tempRT); //释放临时 RenderTexture
    }
}
```

通过申请一张与当前 CustomRenderTexture 参数相同的临时 RenderTexture，可以缓存当前帧的内容并进行画面内容的积累与衰减处理。

（6）此时石板照亮的部分已经完成，接下来编写绘制检测的逻辑，即 Render Texture 内照亮区域是否大于某个数值。这部分逻辑将使用 ComputeShader 完成，这里增加对应的参数及 MatteFillingDetecte 蒙版填充检测函数。

```csharp
public class MatteBoard : MonoBehaviour
{
    //省略部分代码
    const string CS_IN_TEX_PROP = "inTex";  //传入 Compute Shader 的材质
    //传入 Compute Shader 的计数 Buffer
    const string CS_COUNTER_PROP = "counter";
    const int CS_THREAD_GROUP_X = 16;   //Compute Shader 线程组 X
    const int CS_THREAD_GROUP_Y = 16;   //Compute Shader 线程组 Y
    const int COUNTER_THRESHOLD = 128;  //照亮范围计数阈值
    public ComputeShader matteFillingComputeShader;//Compute Shader 对象
    ComputeBuffer mCounterBuffer;           //计数 Buffer
    ComputeBuffer mArgBuffer;               //参数 Buffer
    int[] mArgBufferDataArray;              //获取具体数据的数组
    int mComputeShaderKernelID;            //缓存 Compute Shader Kernel ID 的值
    bool mUpdateFillingDetecte;            //是否继续蒙版检测逻辑
    void Awake()
    {
        //省略部分代码
        InitMatteFillingDetecte();
    }
    void Update()
    {
        //省略部分代码
        UpdateMatteFillingDetecte();
    }
    void InitMatteFillingDetecte()
    {
        mComputeShaderKernelID = matteFillingComputeShader.FindKernel
("CSMain");                              //CSMain ID 的获取
        mCounterBuffer = new ComputeBuffer(1, sizeof(int), ComputeBuffer
Type.Counter);                          //Counter 的 Buffer 创建
        mArgBuffer = new ComputeBuffer(1, sizeof(int), ComputeBufferType.
IndirectArguments);                     //参数 Buffer
        mArgBufferDataArray = new int[1];   //GetData 时的缓存数组
        mUpdateFillingDetecte = true;       //是否停止检测的变量
        matteFillingComputeShader.SetTexture(mComputeShaderKernelID, CS_IN_
TEX_PROP, customRenderTexture);
        //传入 Compute Shader 的 Custom Render texture
        matteFillingComputeShader.SetBuffer(mComputeShaderKernelID, CS_
COUNTER_PROP, mCounterBuffer);
        //传入的计数 Counter Buffer
    }
    void UpdateMatteFillingDetecte()
```

```
    {
        if (!mUpdateFillingDetecte) return;            //是否停止检测
        mCounterBuffer.SetCounterValue(0);             //初始化计数 Buffer
        matteFillingComputeShader.Dispatch(mComputeShaderKernelID, custom
RenderTexture.width / CS_THREAD_GROUP_X
            //执行 Compute Shader
            , customRenderTexture.height / CS_THREAD_GROUP_Y, 1);
        //复制至 ArgBuffer 以获取值
        ComputeBuffer.CopyCount(mCounterBuffer, mArgBuffer, 0);
        mArgBuffer.GetData(mArgBufferDataArray);        //ArgBuffer 传给数组
        var counter = mArgBufferDataArray[0];           //获取具体计数值
        if (counter > COUNTER_THRESHOLD) //进行比较，若大于阈值，则执行淡出逻辑
        {
            //TODO:具体淡出逻辑的执行...
            mUpdateFillingDetecte = false;              //关闭检测逻辑
        }
    }
}
```

CounterBuffer 是一种特殊的结构，它提供增加或减去的计数功能，并在所有组之间共享。通过这种结构我们使用 Compute Shader 的不同线程组处理不同的像素块区域，再进行计数操作，以完成检测。最后，当照射完成时开发者需要自己处理消隐操作，这样脚本部分的逻辑就完成了。

（7）来看一下 Compute Shader 的具体代码。

```
#pragma kernel CSMain
#define THREAD_X 16                          //线程组 X 的坐标数量
#define THREAD_Y 16                          //线程组 Y 的坐标数量
#define GROUP_THREADS THREAD_X * THREAD_Y  //组内的线程总和
#define LUM_THRESHOLD 32                     //组内的明度检测阈值
Texture2D<float4> inTex;          //检测的 Custom Render Texture 图像
RWStructuredBuffer<int> counter;              //计数器
groupshared float sumArray[GROUP_THREADS]; //组内的共享线程, 用于统计

[numthreads(THREAD_X, THREAD_Y, 1)]
void CSMain (uint3 id : SV_DispatchThreadID, uint groupInnerIndex :
SV_GroupIndex)
{
    lumArray[groupInnerIndex] = inTex[id.xy].r;
    GroupMemoryBarrierWithGroupSync();          //等待组内赋值完毕
    float sum = 0;
    if (groupInnerIndex == 0) {
        for (uint i = 0; i < GROUP_THREADS; i++) {
            sum += sumArray[i];
        }
        if (sum > LUM_THRESHOLD)
            counter.IncrementCounter();
    }//累加并进行检测, 若大于阈值, 则加入计数器
    GroupMemoryBarrierWithGroupSync();
}
```

这里分成了若干个 16×16 的组内线程去处理这张 Custom Render Texture。当进入组内线程后，会通过组内共享变量 sumArray 得到组内的每个像素值，并最终累加在一起检测这个像素块是否大于明度阈值，并对超过阈值的像素块进行计数器增加操作。最终在层级面板设置完毕后即可进行测试。最终的参考效果如图 9.20 所示。

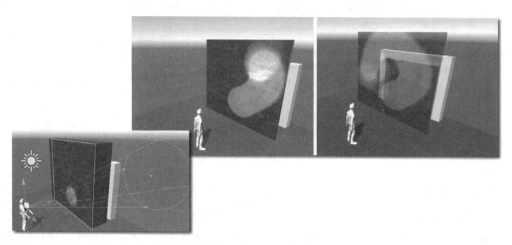

图 9.20　照射消隐完成后的效果图

第 10 章 横版动作游戏 Demo 设计

本章将结合之前所学的内容，进行一个简单的横版动作游戏 Demo 开发。在这个 Demo 中将会运用到之前章节所讲述的战斗、角色、输入、物理等多方面的知识，同时将它们结合到一起。在跟随本章学习的过程中，读者可以重温之前章节所学习的知识，从而产生更为具体的认知。

10.1 规划与调配

在开始具体的代码编写之前，我们要对设计方向以及所需的美术资源进行相应的规划，依据规划准备美术素材并导入项目。

10.1.1 简要规划

出于简单化的设计方向，该 Demo 主要侧重于战斗部分的内容，对于其他部分将做一些相应的弱化与舍弃。

由于固定的战斗场景依旧可以表现战斗内容，这里将相机部分弱化为固定相机，并省去对应逻辑的编写；场景不考虑碰撞区域等内容，只在左右屏幕范围内做区域限制；美术资源以剪影形式描绘，以降低绘制难度。游戏的内容大致如下：

- 没有滚动相机的画面，相机固定，且没有控制脚本。
- 除背景外主角和敌人都以剪影形式描绘，且使用帧序列动画。
- 敌人和主角死后隔一段时间可复活，以做到基本的游戏循环。

美术资源部分使用 Aseprite 这款像素绘制软件，如图 10.1 所示。但这只作为参考，开发者可以采用多人合作的方式或使用自身擅长的

图 10.1 使用 Aseprite 进行像素资源编辑

软件进行美术资源的制作。

10.1.2 资源准备

接下来开始准备制作该 Demo 所需要用到的美术资源，这里将该 Demo 表现为夜晚时刻忍者相互战斗的环境背景。玩家操控的主角忍者可进行翻滚跳跃、快速奔跑等操作，而敌方忍者则相对简单，只包含移动、攻击、受击等表现内容。这里给出以 Aseprite 绘制的默认美术资源列表，该列表可为本章的后续内容讲解及读者参照提供帮助，如表 10.1 所示。

表 10.1 美术资源

名 称	类 型	说 明
场景背景	图片	战斗的环境背景，可以是竹林、要塞、村庄等
主角站立待机	动画	主角无操作时的待机循环动画
主角奔跑循环	动画	主角奔跑循环动画
主角跳跃	动画	主角跳跃动画，这里为翻滚跳跃
主角受击	动画	主角受击动画
主角攻击连段1	动画	主角普攻第一段攻击
主角攻击连段2	动画	主角普攻第二段攻击
敌人1站立待机	动画	敌人无行为时的待机循环动画
敌人1奔跑	动画	敌人奔跑循环动画
敌人1受击	动画	敌人受击动画
敌人1攻击	动画	敌人常规攻击动画

场景背景也可以拆分为不同物件并在引擎中组合，对于动画资源则可以参考一些网络资料进行辅助。

10.1.3 项目配置

1. 目录结构配置

接下来将准备好的资源及一些必要插件与脚本置入项目中，并进行一定的参数配置，此处可参考第 2 章的目录结构建议，以及第 5 章关卡层级的结构建议。项目目录结构如表 10.2 所示。

表 10.2　项目目录结构

目　录　名	说　　明
Animations	存放主角、敌人的动画资源，层级结构如Animations/Player/Idle
AnimatorController	存放项目内用到的独立混合树、动画控制器等。在该Demo中包含主角和敌人的动画控制器
Materials	存放项目内手动创建的材质。在该Demo中需要用到受光Sprite材质，将默认的Sprite材质球放置于此目录中
PhysicsMaterials	存放项目内用到的物理材质，如角色需要0摩擦力的物理材质
Plugins	插件目录，这里将使用InControl插件进行输入部分的封装
Prefabs	游戏内用到的预制体
Resources	主资源目录，若需要根据路径加载预制体，也可创建Prefab子目录
Scenes	场景目录，该Demo只有单个场景MainScene
Scripts	脚本目录
Textures	材质目录，使用到的序列图片、场景及其他材质

这样就梳理了该 Demo 中项目内的文件夹结构。单场景 MainScene 的层级结构关系如表 10.3 所示。

表 10.3　场景层级结构

目　录　名	说　　明
Environments	场景内没有脚本逻辑的环境美术资源信息
Environments/Sprites	子层级分类，存放静态的精灵信息
Environments/Lights	子层级分类，存放灯光信息
Colliders	存放场景内的静态碰撞信息
SceneConfig	存放场景初始加载时所需要的配置信息
Components	存放场景内的逻辑组件，如出生点、相机对象等

最终将目录建立好后置入对应的文件中。

2．精灵贴图配置

接下来开始配置背景精灵贴图。首先将背景的精灵贴图放置在合适的位置并位于 Environments/Sprites 层级内，同时保证 Sorting Layer 中的图层设置为合适深度，以避免出现遮挡问题。

接下来为背景精灵贴图的组件 SpriteRenderer 设置受光材质球，以便进行打光。首先在 Materials 目录下建立一个默认精灵受光材质球，可以命名为 DefaultSprite，将这个材质球的 Shader 选择为 Sprites/Diffuse，这样就可以使精灵支持漫反射光照，如图 10.2 所示。

接着，将场景中 SpriteRenderer 组件的 Material 字段内链接的材质球修改为 DefaultSprite

材质球，即可接受光照。在这之后可为场景进行简单打光。

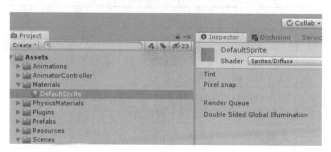

图 10.2　受光精灵材质设置

3．动画控制器的配置

我们还需要配置玩家与敌人角色的 AnimationController（动画控制器），该 Demo 只有一个敌人，所以只需要配置两个 AnimationController 即可。

配置时需要注意 InterruptionSource 参数的填写，以便灵活响应参数变更。这里提供截图供参考，其配置如图 10.3 所示。

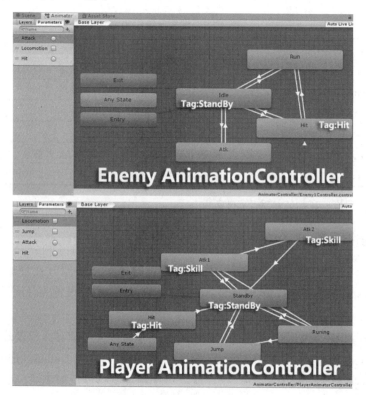

图 10.3　敌人与玩家动画控制器的设置

其中不同标签对应不同类型的动画，这样便于在程序编写时进行逻辑判断。

4．场景碰撞与其他节点的配置

接着加入场景碰撞，由于是没有相机拉动的静态场景，角色无法移动出左右屏幕。所以，在左右屏幕边缘及地面设置对应的碰撞即可，并为它们分别设置独立的 Layer 信息，如 Ground、Wall，并将这些碰撞框放置于 Colliders 层级节点下。

由于使用了 InControl 插件，我们还需要在场景内添加一个挂载有 InControlManager 脚本的组件。在 SceneConfig 节点下创建 InControl 对象并附加该组件即可。

最后将 Main Camera 相机对象放置于 Components 节点下，这样场景部分的内容就配置完成了，如图 10.4 所示。

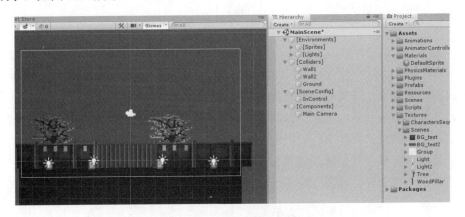

图 10.4　项目及场景资源的配置

10.2　基础框架的整合

这一节会将之前章节中所讲述的基础模块整合到 Demo 中来，包括战斗、动画事件这些必备模块。

10.2.1　战斗模块的整合

在本书的第 6 章中编写过战斗模块，为角色挂载 BattleObject、DamageBattleComponent 等组件并进行配置，即可接收到攻击成功、受击等事件并进行处理，同时也可以在此之上扩展物理状态、僵直度等扩展状态控制。在本章中将直接使用这部分的逻辑，并进行对应的组件挂载与事件绑定。

10.2.2　动画事件的整合

在本书的第 6 章中曾编写过动画事件处理模块，该模块为动画事件定义了额外的 ID，并通过组件 AnimationEventReceiver 的挂载，处理动画系统中发出的动画事件并进行对应物体的实例化映射。在本节中将动画事件模块脚本移入 Scripts 目录中，并进行配置操作。

首先保证模块脚本已移入项目中。修改 AnimationEventConfigurator 脚本的 CreateAssetMenu 路径信息为当前 Demo 名称，这里使用 Demo2D 这个前缀。

```
[CreateAssetMenu(fileName = "AnimationEventConfigurator", menuName =
"Demo2D/AnimationEventConfigurator")]
public class AnimationEventConfigurator : ScriptableObject
{
    ...
```

接着在 Project 面板中右击，选择 Create | Demo2D | AnimationEventConfigurator 命令，创建对应的配置对象，并将该配置对象放置于 Resources 目录中。

根据之前的动画表格，玩家拥有两段攻击动作，而敌人拥有单个攻击动作，开始配置这 3 个攻击动作的动画事件 ID 与实例化对象链接。

对于动画伤害事件预制体的编辑可参考本书第 6 章的内容。这里先以简单的矩形碰撞触发框来表示伤害事件，如图 10.5 所示。

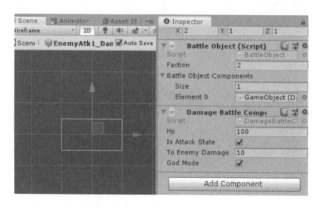

图 10.5　伤害事件配置

将动画事件配置完成后放置于 Resources/Prefabs 目录中，根据资源路径将对应信息编辑到 AnimationEventConfigurator 中，如图 10.6 所示。

最后需要在角色预置对象上挂载动画事件接收脚本，这将会在后面讲解。

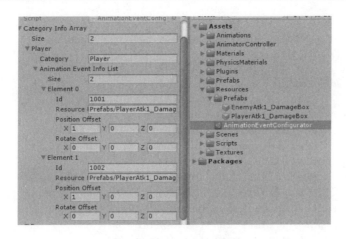

图 10.6　动画事件配置

10.3　玩家逻辑的整合

本节将结合第 4 章的内容进行玩家逻辑的编写。在该 Demo 中玩家将操控一名忍者进行移动、跳跃、攻击操作，包括第 4 章所讲述的内容，但与之不同的是 2D 横版游戏省去了墙壁判断的许多步骤。在本节中将会对这些内容重新整合并适当修改。

这里将用到第 6 章的 CharacterMotor 脚本以检测角色的地面状态及辅助跳跃等逻辑的编写。直接将 CharacterMotor 脚本移至 Scripts 目录下即可。

我们将玩家功能分为 Attack（攻击）、Move（移动）、Jump（跳跃）和 Hit（受击）四个部分，使用协程切换与调度这些部分并使用部分类定义去整合它们。

考虑可以兼顾到 3D 游戏，这里并没有使用一些 2D 专有接口，而是使用传统的 Rigidbody 和 Physics 等传统接口去调用。

10.3.1　输入逻辑封装

在进行玩家逻辑编写之前首先处理一下 InControl 的输入逻辑，我们使用脚本 InputCache 简单封装 InControl 的接口，以便提供更为便利的调用。

```
public class InputCache : PlayerActionSet    //继承 InControl 的设置基类
{
    static InputCache mInstance;                      //注册为单例
    public static InputCache Instance { get { return mInstance ?? (mInstance
= new InputCache()); } } }
    public PlayerAction Fire { get; private set; }        //攻击
```

```
public PlayerAction Jump { get; private set; }              //跳跃
public PlayerTwoAxisAction Move { get; private set; }   //移动
public InputCache()
{
    //开始绑定的配置
    Fire = CreatePlayerAction("Fire");                      //绑定动作创建
    Fire.AddDefaultBinding(Key.J);                          //绑定键盘
    Fire.AddDefaultBinding(InputControlType.Action3);       //绑定手柄按键
    Jump = CreatePlayerAction("Jump");                      //绑定动作创建
    Jump.AddDefaultBinding(Key.K);                          //绑定键盘
    Jump.AddDefaultBinding(InputControlType.Action1);       //绑定手柄按键
    //轴类型绑定，需要将绑定动作加以组合
    var left = CreatePlayerAction("Move Left");             //左移动动作
    var right = CreatePlayerAction("Move Right");           //右移动动作
    var up = CreatePlayerAction("Move Up");                 //上移动动作
    var down = CreatePlayerAction("Move Down");             //下移动动作
    right.AddDefaultBinding(Key.RightArrow);
    left.AddDefaultBinding(Key.LeftArrow);
    up.AddDefaultBinding(Key.UpArrow);
    down.AddDefaultBinding(Key.DownArrow);                  //键盘绑定
    left.AddDefaultBinding(InputControlType.LeftStickLeft);
    right.AddDefaultBinding(InputControlType.LeftStickRight);
    up.AddDefaultBinding(InputControlType.LeftStickUp);
    down.AddDefaultBinding(InputControlType.LeftStickDown);//手柄绑定
    //整合为轴动作
    Move = CreateTwoAxisPlayerAction(left, right, down, up);
}
}
```

10.3.2　玩家逻辑的编写

处理完输入逻辑之后即可正式开始编写玩家逻辑。

（1）首先编写其核心类 Player，该类提供了部分类的功能函数及一些事件函数入口。

```
public partial class Player : MonoBehaviour
{
    //状态枚举
    public enum EState { Standby, Move, Jump, Skill, Hit, Freeze }
    public Animator animator;
    public Rigidbody selfRigidbody;                         //刚体对象
    public BattleObject battleObject;                       //战斗对象
    public CharacterMotor motor;                            //Motor 组件引用
    Coroutine mCurrentActionCoroutine;                      //当前动作协程
    public EState State { get; private set; }               //当前状态
    void Awake()
    {
        //部分类初始化逻辑调用处
        StartCoroutine(StateLoop());
    }
}
```

```
//状态更新协程
IEnumerator StateLoop()
{
    while (true)
    {
        IEnumerator currentAction = null;
        //部分类的判断逻辑调用处
        if (currentAction != null)
            mCurrentActionCoroutine = StartCoroutine(ExecuteCurrentAction
(currentAction));
        yield return null;
    }
}
//执行当前动作
IEnumerator ExecuteCurrentAction(IEnumerator actionBody)
{
    yield return actionBody;
    mCurrentActionCoroutine = null;
}
//立即停止当前动作，用于打断处理
void ImmediateStopCurrentAction()
{
    if (mCurrentActionCoroutine != null)
        StopCoroutine(mCurrentActionCoroutine);
    mCurrentActionCoroutine = null;
}
}
```

通过 StateLoop 可以在每一帧更新状态，状态切换时通过修改 mCurrentActionCoroutine 字段即可处理改变与打断当前的状态。

（2）接下来编写攻击逻辑，其脚本为 Player_Attack.cs。

```
public partial class Player : MonoBehaviour
{
    const int OVERLAPSPHERE_CACHE_COUNT = 10;        //缓存数组常量长度
    [Serializable] public struct AttackSettings       //攻击设置
    {
        public LayerMask characterLayerMask;          //LayerMask 过滤信息
        public string enemyTag;                       //敌人标签
    }
    public AttackSettings attackSettings;
    Collider[] mCacheColliderArray;                   //用于投射的缓存数组
    int mAttackAnimatorHash;                          //攻击 Animator 变量哈希

    void PlayerAttack_Init()                          //部分类的手动初始化函数
    {
        //初始化 Animator 哈希
        mAttackAnimatorHash = Animator.StringToHash("Attack");
        //初始化数组
        mCacheColliderArray = new Collider[OVERLAPSPHERE_CACHE_COUNT];
    }
    bool PlayerAttack_CanExecute()                    //状态调度判断逻辑
```

```
    {
        var inputFlag = InputCache.Instance.Fire.WasPressed;
        var stateFlag = State == EState.Move || State == EState.Standby;
        return inputFlag && stateFlag;              //状态与输入判断
    }
    IEnumerator PlayerAttack_Execute()          //状态执行逻辑
    {
        ImmediateStopCurrentAction();
        if (State == EState.Move) animator.SetBool(mLocomotionAnimatorHash,
false);
        State = EState.Skill;
        //这里需进行一些打断后的手动操作，类似于 Hardcode 行为，但这样更容易应对变化
        while (true)
        {
            if (InputCache.Instance.Fire.WasPressed)
            {
                const float ENEMY_FIX_RADIUS = 1f;
                const float DOT_LIMIT = 0.7f;
                var closestEnemy = GetClosestEnemy(ENEMY_FIX_RADIUS, DOT_LIMIT);
                if (closestEnemy != null)
                {
                    var dir = closestEnemy.position - transform.position;
                    dir = Vector3.ProjectOnPlane(dir, -Physics.gravity.
normalized);
                    transform.forward = dir;                    //方向矫正
                }
                animator.SetTrigger(mAttackAnimatorHash);      //通知动画播放
                animator.Update(0);
            }
            if(!animator.IsInTransition(0)&& animator.GetCurrentAnimator
StateInfo(0).IsTag("Standby"))
            {
                animator.ResetTrigger(mAttackAnimatorHash);
                break;
            }
            yield return null;
        }
        State = EState.Standby;                      //行为结束，回到待机状态
    }
    //与之前章节判断函数大致相同，但 Layer 与 Tag 获取处有修改
    Transform GetClosestEnemy(float radius, float dotLimit)
    {
//返回半径范围内碰撞器
        var count = Physics.OverlapSphereNonAlloc(transform.position,
radius, mCacheColliderArray, attackSettings.characterLayerMask);
        var maxDotValue = 1f;
        var maxDotTransform = default(Transform);
        for (int i = 0; i < count; i++)              //变量覆盖的所有碰撞器
        {
            var characterCollider = mCacheColliderArray[i];
            //如果是自己，则跳过
            if(characterCollider.transform == transform) continue;
            if(characterCollider.CompareTag(attackSettings.enemyTag))
            {
```

```
                var dot=Vector3.Dot((characterCollider.transform.position-
transform.position).normalized, transform.forward);
            if (dot > dotLimit && dot > maxDotValue)//取最大点乘结果的敌人
            {
                maxDotValue = dot;
                maxDotTransform = characterCollider.transform;
            }
        }
    }
    return maxDotTransform;                    //返回最接近的那个敌人
    }
}
```

该脚本中涉及状态的初始化与判断逻辑，这将在所有部分类脚本结束后回到主脚本进行绑定。

（3）接下来是跳跃的部分类逻辑，这部分与第 4 章中的跳跃逻辑处理基本相同，但使用 CharacterMotor 替换了地面检测逻辑，并修改了字段与标签的判断。跳跃部分类脚本为 PlayerJump.cs，内容如下：

```
public partial class Player : MonoBehaviour
{
    [Serializable] public struct JumpSettings
    {
        public Vector4 arg;                    //Demo 中的参数为：x1.5,y2,z370,w0
        public AnimationCurve riseCurve;                        //上升曲线
        public AnimationCurve directionJumpCurve;               //方向曲线
    }
    [SerializeField]
    JumpSettings jumpSettings = new JumpSettings();
    int mJumpAnimatorHash;                     //移动 Animator 变量哈希
    float mGroundedDelay;                      //延迟检测变量
    void PlayerJump_Init()
    {
        mJumpAnimatorHash = Animator.StringToHash("Jump");
    }
    bool PlayerJump_CanExecute()
    {
        var inputFlag = InputCache.Instance.Jump.WasPressed;
        var stateFlag = State == EState.Move || State == EState.Standby;
        return inputFlag && stateFlag && motor.IsOnGround;
        //检测条件为按下跳跃键，在地面上，并且为移动或待机状态
    }
    IEnumerator PlayerJump_Execute()
    {
        ImmediateStopCurrentAction();
        if (State == EState.Move) animator.SetBool(mLocomotionAnimatorHash,
false);
        State = EState.Jump;
        //打断逻辑与恢复处理
        var upAxis = -Physics.gravity.normalized;                //up 轴向
        mGroundedDelay = Time.maximumDeltaTime * 2f;             //两帧延迟
```

```
        selfRigidbody.useGravity = false;              //暂时关闭重力
        var t = jumpSettings.arg.w;                    //时间插值
        animator.SetBool(mJumpAnimatorHash, true);  //驱动动画
        do
        {
            //上升力曲线采样
            var t_riseCurve = jumpSettings.riseCurve.Evaluate(t);
            //方向曲线采样
            var t_directionJump = jumpSettings.directionJumpCurve.Evaluate(t);
            var gravity = Vector3.Lerp(-upAxis, upAxis, t_riseCurve) *
jumpSettings.arg.y;
            //获得方向并乘以系数
            var forward = Vector3.Lerp(motor.transform.right * jumpSettings.
arg.z * Time.fixedDeltaTime, Vector3.zero, t_directionJump);
            selfRigidbody.velocity = gravity + forward;  //更新速率
            //更新插值
            t = Mathf.Clamp01(t + Time.deltaTime * jumpSettings.arg.x);
            yield return null;
        } while (t < 1f || !motor.IsOnGround);   //若跳跃结束或提前落地,则跳出
        animator.SetBool(mJumpAnimatorHash, false);       //动画恢复
        selfRigidbody.useGravity = true;                  //恢复重力
        State = EState.Standby;                           //状态恢复
    }
}
```

（4）接着是玩家移动逻辑，脚本名为 Player_Move.cs，逻辑相对简单，内容如下：

```
public partial class Player : MonoBehaviour
{
    const float INPUT_EPS = 0.01f;              //输入最小误差
    public float speed = 65f;                   //移动速度
    int mLocomotionAnimatorHash;                //移动 Animator 变量哈希
    void PlayerMove_Init()
    {
        mLocomotionAnimatorHash = Animator.StringToHash("Locomotion");
    }
    bool PlayerMove_CanExecute()
    {
        var moveDirection = Vector3.right * InputCache.Instance.Move.X;
        return State == EState.Standby && moveDirection.magnitude > INPUT_EPS;
        //待机状态且有推摇杆才可进行移动
    }
    IEnumerator PlayerMove_Execute()
    {
        var moveDirection = Vector3.zero;
        ImmediateStopCurrentAction();           //打断操作
        State = EState.Move;
        do
        {
            moveDirection = (Vector3.right * InputCache.Instance.Move.X).
normalized;
            if (moveDirection.magnitude > INPUT_EPS)     //是否有输入方向
            {
```

```
                var finalDirection = moveDirection;
                selfRigidbody.velocity = finalDirection * speed * Time.
fixedDeltaTime;
                selfRigidbody.transform.right = finalDirection;  //更新移动
                //更新 Animator 变量
                animator.SetBool(mLocomotionAnimatorHash, true);
            }
            else                                                 //没有移动
            {
                //更新 Animator 变量
                animator.SetBool(mLocomotionAnimatorHash, false);
                selfRigidbody.velocity = Vector3.zero;
                break;
            }
            yield return null;
        } while (true);
        State = EState.Standby;                                  //状态恢复
    }
}
```

（5）最后一个部分类是受击脚本 **Player_Hit.cs** 的编写：

```
public partial class Player : MonoBehaviour
{
    Coroutine mHitCoroutine;                                 //受击异步逻辑处理
    int mHitAnimatorHash;
    void PlayerHit_Init()
    {
        mHitAnimatorHash = Animator.StringToHash("Hit");
        var damageBattleComponent = battleObject.GetBattleObjectComponent
<DamageBattleComponent>();
        damageBattleComponent.OnHurt += OnHurt;              //受击事件绑定
        damageBattleComponent.OnDied += OnDied;              //死亡事件绑定
    }
    void OnHurt(BattleObject sender, BattleObject other, int damage)
    {
        if (damage < 1) return;
        if (State == EState.Jump) return;
        if (State == EState.Move) animator.SetBool(mLocomotionAnimatorHash,
false);
        if (State == EState.Skill) animator.ResetTrigger(mAttackAnimator
Hash);
        if (mCurrentActionCoroutine != null)
        {
            StopCoroutine(mCurrentActionCoroutine);
            mCurrentActionCoroutine = null;
        } //状态修正
        if (mHitCoroutine != null)
        {
            StopCoroutine(mHitCoroutine);
            mHitCoroutine = null;
        }
        mHitCoroutine = StartCoroutine(HitAction());         //受击协程
    }
```

```
        void OnDied(BattleObject sender)
        {
            Destroy(gameObject);
        }
        //死亡逻辑处理, 这里直接将玩家对象销毁
        IEnumerator HitAction()
        {
            State = EState.Hit;                           //切换为受击状态
            animator.SetTrigger(mHitAnimatorHash);
            animator.Update(0);                           //执行受击
            while (true)
            {
                if (animator.GetCurrentAnimatorStateInfo(0).IsTag("Standby"))
                {
                    animator.ResetTrigger(mHitAnimatorHash);
                    break;
                }
                yield return null;
            }//等待受击动画结束
            State = EState.Standby;                       //状态恢复
        }
    }
```

由于受击是被动状态, 所以它并不包含状态更新协程的判断逻辑。在受击逻辑中还包含了死亡逻辑的判定, 这里对角色死亡直接进行销毁处理。

（6）最后回到玩家类的主要部分, 对逻辑进行整合。

```
public partial class Player : MonoBehaviour
{
    //省略部分代码
    void Awake()
    {
        PlayerAttack_Init();
        PlayerMove_Init();
        PlayerJump_Init();
        PlayerHit_Init();
        //部分类的初始化逻辑
        //省略部分代码
    }
    //状态更新协程
    IEnumerator StateLoop()
    {
        while (true)
        {
            //省略部分代码
            if (PlayerAttack_CanExecute()) currentAction = PlayerAttack_
Execute();
            else if (PlayerJump_CanExecute()) currentAction = PlayerJump_
Execute();
            else if (PlayerMove_CanExecute()) currentAction = PlayerMove_
Execute();
            //部分类的状态检测逻辑
            //省略部分代码
```

```
            yield return null;
        }
    }
    //省略部分代码
}
```

这样玩家逻辑就编写完成了。将脚本挂载于玩家对象上并进行相应设置，即可让玩家扮演的剪影忍者角色呈现于游戏环境内，参考效果如图 10.7 所示。

图 10.7　置于场景内的主角

10.4　敌人逻辑的编写

本节将开始敌人 AI 逻辑的编写。这部分内容可参考本书的第 6 章中以协程实现敌人 AI 的内容，并以此为基础加以扩展。

10.4.1　基础逻辑的编写

本节将开始敌人基础逻辑的 AI 编写，包含待机、激活和攻击三种基础行为，通过对攻击目标的检测，从而进行行为切换。而对攻击目标的传入则与之前第 6 章中的处理方式一致，该 AI 的大致流程如图 10.8 所示。

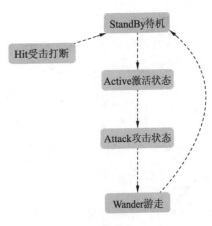

图 10.8　AI 运行流程示意图

（1）回顾一下第6章的内容，我们引入了 **EnemyTargets** 脚本逻辑，以注册反注册攻击目标。这里首先在玩家类中加入注册操作调用，代码如下：

```
public partial class Player : MonoBehaviour
{
    //省略部分代码
    void Awake()
    {
        //省略部分代码
        EnemyTargets.Instance.RegistTarget(gameObject, 1f);
    }
    void OnDestroy()
    {
        EnemyTargets.Instance.UnregistTarget(gameObject);
    }
}
```

（2）有了攻击目标后，我们来编写 AI 类的字段定义、初始化及基础部分逻辑。

```
public class EnemyType1AI : MonoBehaviour
{
    const string STANDBY_ANIM_TAG = "StandBy";
    enum EState { StandBy, Active, Wander, Attack, Hit, Died }
    public Animator animator;
    public float activeRange = 8f;              //激活范围
    public float attackRange = 2f;              //攻击范围
    public float speed = 20f;                   //移动速度
    public BattleObject battleObject;
    public CharacterMotor characterMotor;
    int mAttackAnimHash;
    int mLocomotionAnimHash;
    Coroutine mBehaviourCoroutine;              //主协程
    GameObject mCurrentTarget;                  //当前目标
    void Start()
    {
        mAttackAnimHash = Animator.StringToHash("Attack");
        mLocomotionAnimHash = Animator.StringToHash("Locomotion");
    }
}
```

这些字段包括状态枚举的定义、不同状态的数值范围、动画的驱动字段等。接着我们开始编写是否进入激活范围与攻击范围的检测函数。

```
bool IsInActiveRange(Transform target)          //是否在激活范围内
{
    return Vector3.Distance(transform.position, target.position) <= activeRange;
}
bool IsInAttackRange(Transform target)          //是否在攻击范围内
{
    return Vector3.Distance(transform.position, target.position) <= attackRange;
}
```

对于攻击目标仇恨筛选，需要从第6章中将 **UpdateTarget** 函数照搬过来，这里不再列出具体代码，需要将激活状态检测替换为当前检测函数。关键替换部分的代码如下：

```
if (IsInActiveRange(currentTarget.GameObject.transform))//是否在激活范围
{
    mCurrentTarget = currentTarget.GameObject;
    maxHatred = currentTarget.Hatred;                    //更新目标
}
```

（3）随后，在整合之前的代码基础上编写完整的 AI 脚本逻辑：

```
public class EnemyType1AI : MonoBehaviour
{
    //省略部分代码
    void Start()
    {
        //省略部分代码
        mBehaviourCoroutine = StartCoroutine(StandByBehaviour());
    }
    //省略部分代码
    IEnumerator StandByBehaviour()
    {
        while (true)
        {
            for (int i = 0, iMax = EnemyTargets.Instance.TargetList.Count;
i < iMax; i++)
            {
                var target = EnemyTargets.Instance.TargetList[i];
                if (IsInActiveRange(target.GameObject.transform) && character
Motor.IsOnGround)                                          //有目标进入激活范围
                {
                    yield return ActiveBehaviour();    //进入激活行为
                }
            }
            yield return null;
        }
    }
    IEnumerator ActiveBehaviour()                              //激活状态行为
    {
        UpdateTarget();                                       //更新目标，仇恨值筛选
        while (mCurrentTarget != null && IsInActiveRange(mCurrentTarget.
transform))                                                   //确保目标没有离开
        {
            yield return AttackBehaviour(mCurrentTarget.transform);//攻击
            yield return null;
        }
    }
    IEnumerator AttackBehaviour(Transform target)    //攻击行为
    {
        var flag = true;
        while (target != null && !IsInAttackRange(target))
        {
            if (!IsInActiveRange(target))
            {
                flag = false;
                break;
            }
```

```
        var to = target.position - transform.position;
        to = Vector3.ProjectOnPlane(to, Physics.gravity.normalized).
normalized;
        transform.position += to * speed * Time.deltaTime;
        transform.right = to;                      //朝向位置更新
        animator.SetBool(mLocomotionAnimHash, true);//更新动画
        yield return null;
    }
    animator.SetBool(mLocomotionAnimHash, false);    //移动字段恢复
    if (flag)
    {
        var to = (target.position - transform.position);
        to = Vector3.ProjectOnPlane(to, Physics.gravity.normalized).
normalized;
        transform.right = to;                      //朝向位置更新
        animator.SetTrigger(mAttackAnimHash);         //执行攻击
        animator.Update(0);
        yield return new WaitWhile(() => animator.IsInTransition(0) ||
!animator.GetCurrentAnimatorStateInfo(0).IsTag(STANDBY_ANIM_TAG));
    }
  }
 }
}
```

该脚本包含了攻击、激活、待机三个行为，以及它们之间的跳转关系。

10.4.2　游走逻辑的编写

为避免敌人行为过于刻板，这里开始编写之前提到的 Wander 游走行为，该行为将在敌人攻击之后进入一次游走状态。

```
IEnumerator WanderBehaviour()
{
    var wanderRangeHalf = wanderRange * 0.5f;
    var center = capsuleCollider.transform.localToWorldMatrix.Multiply
Point3x4(capsuleCollider.center);
    var p0 = center + (-Vector3.right) * wanderRangeHalf;
    var p1 = center + Vector3.right * wanderRangeHalf;
    //获得左右游走点
    var upAxis = -Physics.gravity.normalized;
    var axis = capsuleCollider.direction == 0 ? Vector3.right : capsule
Collider.direction == 1 ? Vector3.up : Vector3.forward;
    var halfHeight = capsuleCollider.height * 0.5f;
    var min = capsuleCollider.transform.localToWorldMatrix.MultiplyPoint
3x4(capsuleCollider.center + axis * -halfHeight);
    var max = capsuleCollider.transform.localToWorldMatrix.MultiplyPoint
3x4(capsuleCollider.center + axis * halfHeight);
    //拿到自身胶囊碰撞器，并获取到两个端点，以进行胶囊投射
    var raycastHit = default(RaycastHit);
    var leftIsHit = Physics.CapsuleCast(min, max, capsuleCollider.radius,
-Vector3.right, out raycastHit, wanderRangeHalf, wallLayerMask);
    if (leftIsHit) p0 = transform.position;
```

```
    var rightIsHit = Physics.CapsuleCast(min, max, capsuleCollider.radius,
Vector3.right, out raycastHit, wanderRangeHalf, wallLayerMask);
    if (rightIsHit) p1 = transform.position;
    var selfHit = Physics.CheckCapsule(min, max, capsuleCollider.radius,
wallLayerMask);
    if (selfHit) p0 = p1 = transform.position;
    //对左右游走点以及自身位置进行胶囊投射检测，确认哪些游走位置是安全的
    const float EPS = 0.4f;
    const float DOT_EPS = -0.9f;
    var targetPosition = Vector3.Lerp(p0, p1, Random.Range(0f, 1f));
    var originDir = Vector3.ProjectOnPlane(targetPosition - transform.
position, Physics.gravity.normalized).normalized;
    var toDir = Vector3.zero;
    do
    {
        toDir = targetPosition - transform.position;
        toDir = Vector3.ProjectOnPlane(toDir, Physics.gravity.normalized).
normalized;
        transform.position += toDir * speed * Time.deltaTime;
        transform.right = toDir;
        animator.SetBool(mLocomotionAnimHash, true);      //更新动画
        if (Vector3.Distance(transform.position, targetPosition) <= EPS ||
Vector3.Dot(toDir, originDir) <= DOT_EPS)
            break;
        yield return null;
    } while (true);                                        //执行移动
    animator.SetBool(mLocomotionAnimHash, false);
}
```

游走行为主要在于对左右随机点位置需用胶囊碰撞投射的方式检测是否可走，对于自身位置也要用 CheckCapsule 方法检测当前位置周围是否有碰撞。

最后将游走行为整合到 AI 之中。

```
public class EnemyType1AI : MonoBehaviour
{
    public float wanderRange = 3f;
    public CapsuleCollider capsuleCollider;
    //省略部分代码
    IEnumerator ActiveBehaviour()
    {
        UpdateTarget();                          //更新目标，仇恨值筛选
        while (mCurrentTarget != null && IsInActiveRange(mCurrentTarget.
transform))                                      //确保目标没有离开
        {
            yield return AttackBehaviour(mCurrentTarget.transform);//攻击
            yield return WanderBehaviour();
            yield return null;
        }
    }
    //省略部分代码
}
```

在攻击行为执行完成后，即执行游走行为。

10.4.3　受击逻辑的编写

最后还需接收 BattleObject 转发的战斗事件，以编写受击与死亡逻辑。

```
public class EnemyType1AI : MonoBehaviour
{
    //省略部分代码
    int mHitAnimHash;
    void Start()
    {
        mHitAnimHash = Animator.StringToHash("Hit");
        var damageBattleComponent = battleObject.GetBattleObjectComponent
<DamageBattleComponent>();
        damageBattleComponent.OnHurt += OnHit;
        damageBattleComponent.OnDied += OnDied;
        //省略部分代码
    }
    //省略部分代码
    void OnHit(BattleObject sender, BattleObject other, int damage)
    {
        if (damage <= 0) return;
        if (mBehaviourCoroutine != null)
        {
            animator.SetBool(mLocomotionAnimHash, false);
            StopCoroutine(mBehaviourCoroutine);
            mBehaviourCoroutine = null;
        }//打断处理
        mBehaviourCoroutine = StartCoroutine(HitBehaviour());
    }
    void OnDied(BattleObject sender)
    {
        StopAllCoroutines();
        Destroy(gameObject);                    //这里直接销毁对象处理死亡
    }
    IEnumerator HitBehaviour()
    {
        animator.SetTrigger(mHitAnimHash);   //驱动受击动画
        animator.Update(0);
        yield return new WaitUntil(() => !animator.IsInTransition(0) &&
animator.GetCurrentAnimatorStateInfo(0).IsTag(STANDBY_ANIM_TAG));
        animator.ResetTrigger(mHitAnimHash);
        yield return StandByBehaviour();     //回到待机状态
    }
}
```

此时触发敌人受击后将打断当前行为，播放受击动画并在播放结束后回到待机状态。若触发角色死亡事件，则停止所有协程并销毁角色对象。

这样就完成了敌人 AI 逻辑的制作,运行效果如图 10.9 所示。

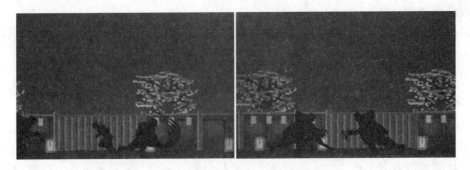

图 10.9 敌人 AI 运行效果示意图

10.5 构 建 游 戏

在玩家与敌人 AI 脚本都编写完成后,还需要将它们组装为预制体并挂载到相应的脚本上,最后将它们整合进场景当中。

10.5.1 预制体的组装

1. 组装玩家预制体

首先我们开始对玩家对象预制体进行组装,先挂载胶囊碰撞器组件并覆盖玩家,并保证 Right 轴为角色的前方。

为玩家碰撞器附着无摩擦力的物理材质,挂载 Rigidbody 组件,开启重力,约束 X、Y、Z 方向旋转,约束 Z 方向位移。挂载 BattleObject 组件、DamageBattleComponent 组件,填写阵营 ID 为 1 及生命值等信息并链接至 BattleObject 当中。挂载 AnimationEventReceiver 组件,以接收动画事件。

最后挂载 Player 组件与 CharacterMotor,进行参数调节与相应组件的链接即可,将该玩家预制体放置于 Prefabs 目录下。

2. 组装敌人预制体

与玩家一样挂载胶囊碰撞器并覆盖精灵,并且 Right 轴为角色前方的方向。

为碰撞器附着无摩擦力的物理材质,挂载 Rigidbody 组件,开启重力,约束 X、Y、Z 方向旋转,约束 Z 方向位移。挂载 BattleObject 组件、DamanageBattleomponent 组件,填写阵营 ID 为 2（敌人）并链接至 BattleObject 当中。挂载 AnimationEventReceiver 组件，以接收动画事件。

　　挂载 EnemyType1AI 脚本与 CharacterMotor 脚本，进行适当配置即可，将敌人预制体放置于 Prefabs 目录下。

10.5.2　出生点逻辑的编写

　　接下来开始编写敌人与玩家的出生点逻辑。在该 Demo 中将始终部署 3 个敌人出生点，并始终检测若敌人对象被销毁，则对该出生点进行再次刷新。若玩家死亡，则游戏对象被销毁，也对玩家出生点执行再次刷新。

　　来看一下玩家出生点的刷新脚本 CharacterSpawner：

```
public class CharacterSpawner : MonoBehaviour
{
    [SerializeField] float firstDelay = 3f;        //刷新延迟
    [SerializeField] GameObject template;          //出生点实例化模板
    [SerializeField] Transform[] spawnPoints;      //刷新点位置
    List<GameObject> mCacheInstancedGOList;
    IEnumerator Start()
    {
        mCacheInstancedGOList = new List<GameObject>(10);
        //已实例化的角色对象
        yield return new WaitForSeconds(firstDelay);
        //首次初始化延迟
        while (true)
        {
            mCacheInstancedGOList.Clear();            //情况记录实例化对象的 List
            for (int i = 0; i < spawnPoints.Length; i++)
            {
                var spawnPoint = spawnPoints[i];
                var instancedGO = Instantiate(template, spawnPoint.position,
    spawnPoint.rotation);
                instancedGO.name = template + i.ToString();
                mCacheInstancedGOList.Add(instancedGO);
            }//执行一次刷新
            yield return new WaitUntil(() =>
            {
                var flag = true;
                for (int i = 0, iMax = mCacheInstancedGOList.Count; i < iMax;
    i++)
                {
                    flag &= mCacheInstancedGOList[i] == null;
                }
                return flag;
            });//等待刷出对象全部死亡
        }
    }
}
```

创建 GameObject 对象，分别命名为 PlayerSpawner、EnemeySpawner，并挂载该脚本进行配置，将出生点置于半空，以模拟角色跳下的效果。

最后链接 Prefabs 目录内的玩家、敌人预制体，完成出生点刷新的制作。

10.5.3　回顾与总结

至此，在完成了角色出生点逻辑的编写，以及构成游戏基本循环后，这个 2D 横版动作游戏 Demo 就已经编写完成了。

回顾该 Demo，我们在场景中用到了受光照的精灵 Shader，并配合灯光以布置场景，使用固定视角避免了相机逻辑的编写；战斗部分使用 BattleObject 战斗组件处理战斗部分逻辑，封装动画事件以接收、分发事件通知并进行对应处理；对于角色，使用简单的协程循环代替状态机等操作。

选用 2D 横版作为该 Demo 的表现形式是为了达到一个开发与设计上的平衡，3D 游戏在更酷炫的同时也增加了开发上的难度。开发者可借鉴该 Demo 中的一些做法，并将其运用在 3D 类的游戏或一些其他表现方式的动作游戏当中。

推 荐 阅 读

独立游戏开发：基础、实践与创收（Unity 2D Android篇）

作者：王寅寅　书号：978-7-111-65043-0　定价：99.00元

全面涵盖独立游戏的商业逻辑、整体开发流程、项目案例及创收方式
赠送96分钟配套教学视频+案例源代码

人生苦短，理想期待明日？快让本书助您启航独立游戏的梦想吧！本书系统地介绍独立游戏开发的相关基础理论知识，并带领读者通过一款2D Android游戏项目案例进行开发实践，最后介绍游戏创收方面的知识和经验。本书分享的是对独立游戏开发尽量客观的认识和贴近实际的经验，给想要了解或投身独立游戏开发的人提供一条可供选择的学习途径。本书分为3篇：独立游戏开发基础篇、独立游戏开发实践篇、独立游戏开发创收篇。本书适合所有想要了解独立游戏开发的读者阅读，尤其是有一定C#或Java编程语言基础的读者。另外，本书还可以作为高校相关专业及社会培训机构的教材。

Unity与C++网络游戏开发实战：基于VR、AI与分布式架构

作者：王静逸　刘岾　书号：978-7-111-61761-7　定价：139.00元

游戏开发资深专家呕心沥血之作，分享10年实战经验
摩拜联合创始人、中手游创始人等7位重量级大咖力荐

本书以Unity图形开发和C++网络开发为主线，系统地介绍网络仿真系统和网络游戏开发的相关知识。本书从客户端开发和服务器端开发两个方面着手，讲解一个完整的仿真模拟系统的开发，既有详细的基础知识，也有常见的流行技术，更有完整的项目实战案例，而且还介绍AR、人工智能和分布式架构等前沿知识在开发中的应用。本书分为4篇：第1、2篇为客户端开发，主要介绍Unity基础知识与实战开发；第3、4篇为服务器端开发，主要介绍C++网络开发基础知识与C++网络开发实战。本书适合网络游戏、军事虚拟仿真和智能网络仿真等领域的技术人员阅读，也适合作为院校和培训机构的教材。